Der Arbeitsmarkt für Ingenieure

Bernd Fiehöfer · Elke Pohl

Der Arbeitsmarkt
für Ingenieure

Aktuelle Perspektiven
und Einstiegschancen

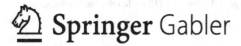

Springer Gabler

Bernd Fiehöfer
Berlin, Deutschland

Elke Pohl
Berlin, Deutschland

ISBN 978-3-658-03737-6
DOI 10.1007/978-3-658-03738-3

ISBN 978-3-658-03738-3 (eBook)

Die Deutsche Nationalbibliothek verzeichnet diese Publikation in der Deutschen National-
bibliografie; detaillierte bibliografische Daten sind im Internet über http://dnb.d-nb.de
abrufbar.

Springer Gabler
© Springer Fachmedien Wiesbaden 2014

Lektorat: Irene Buttkus, Imke Sander

Gedruckt auf säurefreiem und chlorfrei gebleichtem Papier

Springer Gabler ist eine Marke von Springer DE. Springer DE ist Teil der Fachverlagsgruppe
Springer Science+Business Media
www.springer-gabler.de

Liebe Leserinnen und Leser,

„Man muss lernen, was zu lernen ist, und dann seinen eigenen Weg gehen", sagte schon der Komponist Georg Friedrich Händel. Nun, da das Kapitel „Lernen" – zumindest erst einmal – hinter Ihnen liegt und Sie auf den Abschluss Ihres Ingenieur-Studiums hinarbeiten oder diesen bereits erlangt haben, ist es Zeit, sich über den weiteren, den eigenen Weg Gedanken zu machen.

Vielleicht wissen Sie schon ganz genau wohin es bei Ihnen beruflich gehen soll – Glückwunsch! Wenn Sie mit dieser Entscheidung noch ganz am Anfang stehen und Ihre Wahl noch nicht auf eine ganz konkrete Branche, eine bestimmte Stadt oder ein Unternehmen gefallen ist, ist es jetzt Zeit loszulegen.

Zugegeben, die Möglichkeiten scheinen unendlich zu sein. Deutschlands Personaler sprechen immer wieder vom Fachkräftemangel und insbesondere Ingenieure werden händeringend gesucht. Die Wahl kann also auch zur Qual werden. Allerdings haben Sie mit Ihrer Studienrichtung immerhin schon eine erste – sinnvolle – Eingrenzung vorgenommen.

Wie es damit nun weitergehen kann, dabei will Ihnen das vorliegende Buch helfen. Es gibt Anregungen, aktuelle Informationen zu Schlüsselbranchen für Ingenieure und zeigt Alternativen auf, z. B. den Weg in die Selbstständigkeit. Die eigentlichen Entscheidungen kann – und will – es Ihnen indes nicht abnehmen. Warum auch? Sie sind jung! Machen Sie sich auf den Weg, suchen Sie und freuen Sie sich auf das, was Ihnen dabei an interessanten, herausfordernden Situationen begegnen wird. Lassen Sie sich nicht entmutigen, denn am Ende dieser Reise werden Sie Ihren Traumjob gefunden haben.

Viel Erfolg für Ihre berufliche Laufbahn wünscht Ihnen

Elke Pohl

Inhalt

DER BLICK AUF DEN ARBEITSMARKT

1 Der Arbeitsmarkt für Ingenieure

1.1 Ingenieure werden gesucht

„Jetzt kommt das Problem Ingenieurmangel mit voller Wucht zurück", meinte schon im Sommer 2010 der Direktor von Deutschlands größtem technisch-wissenschaftlichen Verein, dem Verein Deutscher Ingenieure (VDI), Dr. Willi Fuchs, in einem FAZ-Interview. Sogar im Krisenjahr 2009 gab es laut Fuchs 34.000 unbesetzte Ingenieur-Stellen. Im November 2010 hat sich diese Zahl bereits wieder auf fast 47.000 erhöht, im November 2012 waren es laut *Ingenieurmonitor* des Vereins Deutscher Ingenieure (VDI) bereits 76.600 offene Stellen. Auch die Zahl von Arbeitslosen – meist ältere Ingenieure – ist in fünf Jahren von fast 60.000 auf rund 23.600 gesunken, wobei es nur noch 12.000 Langzeitarbeitslose gibt. Der Rest kommt meist binnen drei Monaten wieder in Lohn und Arbeit. Verstärkt wird das Problem in den kommenden Jahren durch die Demografie: „Das Durchschnittsalter der deutschen Ingenieure beträgt heute 50 Jahre", erklärte Fuchs in dem Interview weiter. „In den kommenden zehn Jahren werden bis zu 450.000 Ingenieure den Arbeitsmarkt verlassen. Selbst unter der positiven Annahme, dass jedes Jahr 40.000 Absolventen nachkommen, können wir gerade mal den Ersatzbedarf decken. Aber der Anteil der Ingenieure an den Beschäftigten steigt."

Die Folge: Schon heute können rund 3 Milliarden € pro Jahr nicht umgesetzt werden, weil die Leute fehlen. Außerdem kann die Entwicklung von Technologien nicht ausreichend vorangetrieben werden. „Andere Länder schlafen nicht", macht Fuchs deutlich. „Wenn eine Technologie erst einmal abgewandert ist, kann man sie kaum zurückholen." Zur immer noch vorhandenen Überlegenheit deutscher Ingenieure führte er aus: „Wir haben gelernt, die Dinge in einem größeren Zusammenhang zu sehen. Das ist unsere Stärke, und die müssen wir ausspielen. Mittlerweile wirft zum Beispiel China Solarzellen auf den Markt, die wir zu dem Preis gar nicht produzieren können. Das heißt, wir müssen in Deutschland mehr bieten, nämlich ein komplettes intelligentes Energieverbundnetz."

> **TIPP** Ein Ingenieurstudium mit erfolgreichem Abschluss gilt aus heutiger Sicht als Eintrittskarte in eine erfolgreiche Karriere.

Arbeitskräftenachfrage in Ingenieurberufen

Ingenieurberufe:	Offene Stellen	Veränderung zum Vormonat (%)	Veränderung zum Vorjahresmonat (%)
Rohstofferzeugung und -gewinnung	1.400	7,7	40,0
Kunststoffherstellung und Chemische Industrie	1.200	-7,7	-14,3
Metallverarbeitung	1.200	-7,7	-14,3
Maschinen- und Fahrzeugtechnik	23.900	-3,2	-4,0
Energie- und Elektrotechnik	18.000	-2,7	0,0
Technische Forschung und Produktionssteuerung	14.500	-4,6	-7,1
Bau, Vermessung und Gebäudetechnik, Architektur	15.700	0,0	12,9
Sonstige	700	16,7	16,7
Insgesamt	76.600	-2,5	-0,3

Werte gerundet, Rundungsdifferenzen möglich

Quelle: VDI-Ingenieurmonitor, Stand: November 2012: eigene Berechnung auf Basis von Bundesagentur für Arbeit, 2012a; IW-Zukunftspanel, 2011

Viele Unternehmen rekrutieren ihr Fachpersonal inzwischen im Ausland, nicht selten in Tschechien und Polen, andere verlagern ihre Firma ins Ausland, wo genügend Fachkräfte zur Verfügung stehen. Auch gut ausgebildetes Fachpersonal ohne Studium – Kfz-Mechaniker, Elektriker, Mechatroniker u. a. –, das sich kontinuierlich weitergebildet hat, wird gern eingestellt.

Diese Gruppe verfügt über ein großes Spezialwissen, das an deutschen Universitäten – da sind sich viele Personalverantwortliche einig – nicht immer vermittelt wird. Zudem lässt der Jugendwahn mehr und mehr nach: Viele Unternehmen besinnen sich auf erfahrene Kräfte bis etwa 50 Jahre, die aufgrund von Rationalisierungsmaßnahmen ihre frühere Stelle verloren haben. Die Bewerberprofile zeigen, dass unter den älteren arbeitslosen Bewerbern sehr viele fachlich durchaus auf der Höhe der Zeit sind. Allerdings müssen solche Wiedereinsteiger mit Gehaltseinbußen gegenüber ihrem früheren, oft sehr hohen Gehalt rechnen. Am gefragtesten sind derzeit Ingenieure mit drei bis fünf Jahren Berufserfahrung.

Die größte Ingenieurlücke gibt es laut VDI bei den Maschinen- und Fahrzeugbauingenieuren. Die Zahl der Vakanzen stieg bis November 2012 auf 23.900, nur gut 3.200 suchten eine Arbeit. Damit entfällt von allen gesuchten Ingenieuren gut 40 Prozent auf diese Berufsgruppe. Bei den Elektroingenieuren, die ein Viertel aller angestellten Ingenieure stellen, fehlten im November 18.000 Mitarbeiter, nur gut 3.100 waren arbeitslos.

1.2 Einsatzbereiche und Jobchancen

Das Stellenangebot für Ingenieure hat sich 2012 moderat entwickelt. Während über alle Branchen ein ganz leichter Rückgang zu verzeichnen war, gab es im Bereich Bau, Vermessung, Gebäudetechnik und Architektur 12,9 Prozent mehr Vakanzen als im Vorjahr.

Als Einsatzgebiet für Ingenieurwissenschaftler behaupten sich an erster Stelle mit einem Anteil von knapp 60 Prozent nach wie vor produktionsnahe Aufgaben, wie technisches Management, Konstruktion, Fertigung und Qualitätskontrolle. An zweiter Position rangieren Forschung und Lehre mit zusammen 15 Prozent Anteil.

Forschung und Entwicklung: Forscher und Entwickler beeinflussen wesentlich alle Phasen des Entwicklungsprozesses von der Ideenfindung über die Konzeption bis zur Einführung. Sie werden von Konstrukteuren begleitet oder nehmen in geringem Umfang selbst konstruktive Aufgaben wahr. Konstruktions- und Entwicklungsaufgaben sind eng verzahnt und werden daher auch in den Stellenanzeigen nicht immer voneinander getrennt.

- Beliebtheit bei Absolventen: auf **Platz 1**
- Aussichten bei Bewerbung: gut
- Bevorzugte Studienfächer: Maschinenbau, Mechatronik, Feinwerktechnik, Werkstoffwissenschaften, Elektrotechnik/Elektronik, Nachrichtentechnik; aber auch Fahrzeugtechnik, Chemieingenieurwesen, Mess- und Regeltechnik, Anlagentechnik, Verfahrenstechnik, Kunststofftechnik

Projektmanagement: Die Projektleistungen müssen schnell, pünktlich, mit hoher Qualität und im Rahmen des vorgegebenen Budgets realisiert werden. Ob und wie dieses Vorhaben gelingt, entscheidet die Professionalität des Projektmanagements. Es befasst sich mit organisatorischen, informationstechnischen, technischen oder kaufmännischen Problemlösungen. Neben einem soliden fachlichen Hintergrund sind hier in erster Linie Qualitäten auf Gebieten wie Planung, Koordination, Organisation, Menschenführung, Informationsmanagement und Marketing gefragt.

- Beliebtheit bei Absolventen: **Platz 2**
- Aussichten bei Bewerbung: gut
- Bevorzugte Studienfächer: Maschinen- und Anlagenbau, Elektrotechnik, Verfahrenstechnik, Wirtschaftsingenieure

Engineering: Schwerpunkte liegen in der Analyse, Planung und Kontrolle bei der Realisierung von Großanlagen in allen technischen und wirtschaftlichen Facetten. Mit dem Kunden werden Anlagekonzepte entwickelt und umgesetzt. Nach der Übergabe spielen auch die Inbetriebnahme und Wartung eine Rolle.

- Beliebtheit bei Absolventen: **Platz 3**
- Aussichten bei Bewerbung: gut
- Bevorzugte Studienfächer: Verfahrenstechnik, Maschinenbau, Elektrotechnik, Bau- und Chemieingenieurwesen, Biotechnologie, Pharmatechnik

Produktion: Bereitgestellte Roh-, Hilfs-, Betriebsstoffe und Maschinen werden in den Fertigungsprozessen unter Einsatz von Verfahren und Methoden in Produkte transformiert. Teilweise stehen für die Produktion mehrere Produktionslinien zur Verfügung. Neue Produkte und Produktionsprozesse müssen ständig eingeführt und betreut werden. Abschließend wird das physische Objekt für den Kunden bereitgestellt und eventuell vor Ort bei ihm montiert.

- Beliebtheit bei Absolventen: **Platz 4**
- Aussichten bei Bewerbung: in der Arbeitsvorbereitung viele Mitbewerber; ansonsten: gut
- Bevorzugte Studienfächer: Maschinenbau, Produktions-/Fertigungstechnik, Elektrotechnik, Automatisierungs-, Kunststoff- und Verfahrenstechnik

Produktmanagement: Dort, wo es um die Entwicklung, Fertigung und Vermarktung von Serienprodukten geht, nimmt das Produktmanagement als Querschnittsfunktion eine große Bedeutung in den Unternehmen ein. Es verantwortet die konkrete Umsetzung der Produktstrategie und eine Reihe von Koordinationsaufgaben in der Schnittstelle zwischen Kunden, Entwicklung/Konstruktion, Fertigung, Vertrieb und Marketing.

- Beliebtheit bei Absolventen: **Platz 5**
- Aussichten bei Bewerbung: Anstrengung erforderlich
- Bevorzugte Studienfächer: Maschinenbau-, Elektro- und Wirtschaftsingenieure, oft ohne Angabe, Konkurrenz zu Betriebswirtschaftlern

Vertrieb/Marketing: Der Vertriebsspezialist als Türöffner zum Kunden muss besondere Persönlichkeitsmerkmale vorweisen. Die positive Gesamtausstrahlung, der selbstsichere Auftritt und die geschliffene Rhetorik reichen aber nicht aus, die kompetenten technischen Entscheidungsträger auf der Kundenseite zu überzeugen. Wer bei seinem Vertriebsjob aus fachlicher Sicht nicht sattelfest ist, wird schnell ausgemacht und kaum als adäquater Gesprächspartner oder gar Berater ernst genommen. Ein breit gefächertes technisches Fachwissen, fundierte Branchenkenntnisse sowie eine gute Portion Kreativität gehören zu den wichtigen Qualifikationen, die ein Vertriebsingenieur einfach mitbringen muss.

- Beliebtheit bei Absolventen: Mittelfeld
- Aussichten bei Bewerbung: gut
- Bevorzugte Studienfächer: Maschinenbau, Verfahrenstechnik und Elektrotechnik

Konstruktion: Die Konstruktion nimmt eine Schlüsselfunktion in den Unternehmen ein. Das Kerngeschäft besteht aus der konstruktiven Neu- und Weiterentwicklung von Produkten, Einzelkomponenten, Werkzeugen, Betriebsmitteln, Maschinen und Anlagen. Häufig steuern Konstrukteure den Musterbau und sind an der Auswahl von Werkstoffen beteiligt. Neben technischer Sichtweise sind auch Belange anderer Organisationseinheiten wie Versuch, Arbeitsvorbereitung, Produktion, Einkauf, Vertrieb etc. gebührend zu berücksichtigen, um eine hohe Wirtschaftlichkeit zu erreichen.

- Beliebtheit bei Absolventen: Mittelfeld, leicht sinkend
- Aussichten bei Bewerbung: sehr gut
- Bevorzugte Studienfächer: Feinwerktechnik, Elektrotechnik, Fahrzeugtechnik, Verfahrenstechnik, Mechatronik, Apparatebau

Wartung, Instandhaltung, Inbetriebnahme: Hier dreht sich alles um das Erzielen einer hohen Anlagenverfügbarkeit, die Erhaltung einer hohen Betriebssicherheit, die Einhaltung von Lieferterminen und natürlich auch der Budgets. Instandhaltungs- und Wartungstechniker bzw. -ingenieure arbeiten dabei meist in fachübergreifenden Teams. Weil jeder Störfall anders aussieht, muss der Techniker oder Ingenieur über umfangreiche Erfahrungen und gutes technisches Wissen verfügen, um werkstoff-, maschinen- und apparatebezogene Lösungen für Probleme zu erarbeiten.

- Beliebtheit bei Absolventen: Mittelfeld
- Aussichten bei Bewerbung: gut
- Bevorzugte Studienfächer: abhängig vom Unternehmen Elektro-, Maschinen-, Verfahrens-, Versorgungs-, Energietechnik

Qualitätsmanagement: In diesem Bereich geht es darum, Kundenanforderungen hinsichtlich der Produktqualität zu erfüllen, Qualitätskosten zu minimieren und Durchlaufzeiten zu verkürzen, um so zu effektiven Fertigungsprozessen zu gelangen. Dafür notwendig ist die kontinuierliche Analyse von Fertigungs- und Geschäftsprozessen sowie eingesetzter Materialien – auch bei den nicht selten weltweit verteilten Lieferanten. Schwachstellen sind zu definieren, Maßnahmen zu entwickeln, umzusetzen und zu verfolgen.

- Beliebtheit bei Absolventen: Mittelfeld
- Aussichten bei Bewerbung: Anstrengung erforderlich
- Bevorzugte Studienfächer: Maschinenbau, Elektrotechnik, Feinwerktechnik, Werkstofftechnik, Kunststofftechnik und Verfahrenstechnik, Wirtschaftsingenieure

Logistik: Die Logistik im Sinne des Supply Chain Managements verantwortet den gesamten Materialfluss im Unternehmen, vom Auftragseingang über die Beschaffung und die Produktbereitstellung bis hin zum Versand. Teilweise kommt die Betreuung externer Materialflüsse von den Lieferanten bzw. zu den Kunden hinzu. Die Logistik bildet das Bindeglied zwischen Lieferanten, Einkauf, Produktion, Versand und Kunden.

- Beliebtheit bei Absolventen: gering, fallend
- Aussichten bei Bewerbung: Anstrengung erforderlich
- Bevorzugte Studienfächer: Logistik, Maschinenbau, Wirtschaftsingenieurwesen und Produktionstechnik

1.3 Gefragte Abschlüsse

Drei Studienrichtungen innerhalb der Ingenieurwissenschaften haben sich seit Jahren als diejenigen etabliert, die von Industrie- und Dienstleistungsunternehmen am meisten nachgefragt werden. Die unangefochtene **Nummer 1 – der Maschinenbau** – kam auch 2012 deutlich vor den Elektro- und Bauingenieuren.

Beispiel Maschinenbau: Längst gibt es nicht mehr allein den Studiengang Maschinenbau. Durch die vielen unterschiedlichen Beschäftigungsmöglichkeiten werden auch die Studienrichtungen innerhalb des Maschinenbaus mehr und mehr aufgefächert. Es gibt zahlreiche Fachrichtungen. Hier einige Beispiele:

Fachrichtungen im Maschinenbau

- Allgemeiner Maschinenbau
- Automatisierungstechnik
- Aircraft und Flight Engineering
- Automobilentwicklung
- Automotive Production
- Biomedizinische Technik
- Chemieingenieurwesen
- Computitional Engineering
- Elektrotechnik im Maschinenwesen
- Engineering and Management
- Erneuerbare Energien
- Fahrzeugwesen/-technik
- Feinwerktechnik
- Food Processing
- Holztechnik
- Industrial Engineering
- Konstruktionstechnik/Entwicklung
- Kraftwerkstechnik
- Kraft- und Arbeitsmaschinen
- Kunststoff- und Textiltechnik
- Land- und Baumaschinentechnik

- Luft- und Raumfahrttechnik
- Mechanical Engineering
- Mechanik im Maschinenbau
- Mechatronik
- Nanotechnologie
- Produktionstechnik
- Regenerative Energiesysteme
- Schiffbau
- Systems Engineering
- Technologiemanagement
- Textilmaschinenbau
- Theoretischer Maschinenbau
- Umwelttechnik
- Verfahrenstechnik
- Versorgungs- und Entsorgungstechnik
- Wärmetechnik
- Werkstofftechnik
- Windenergie
- Wirtschaftsingenieurwesen (Maschinenbau)

Nach Auffassung vieler Personalleiter sind Ingenieure mit passender Zusatzqualifikation am besten geeignet: Sie können Kundenfragen aufgrund ihrer technischen Ausbildung sehr gut beantworten, besser als etwa Wirtschaftswissenschaftler. Daneben haben junge Maschinenbauingenieure auch gute Möglichkeiten in der Beratung sowie in der Schulung von Mitarbeitern und Kunden im Umgang mit der gelieferten Technik. Dafür werden neben betriebswirtschaftlichen und IT-Kenntnissen auch sozial-kommunikative Fähigkeiten erwartet.

Dass die Chancen im Maschinenbau gut sind, hat sich offenbar auch unter den Studenten herumgesprochen: 2012 begannen 55.936 Studierende ein Studium im Bereich Maschinenbau/Verfahrenstechnik. Das sind zwar 6 Prozent weniger als im Jahr 2011, aber immer noch mit Abstand die meisten Anfänger bei den Ingenieurwissenschaften.

> **TIPP** Neben sehr gutem Fachwissen sind Sprachkenntnisse, betriebswirtschaftliche Grundlagen, Kenntnisse im Projektmanagement sowie in Vertrieb und Marketing für eine Ingenieurkarriere unabdingbar.

Beispiel Elektrotechnik: Sie bestimmt das Tempo des technischen Fortschritts maßgeblich. In Deutschland hängen rund die Hälfte der Industrieproduktion und rund 80 Prozent der Exporte direkt oder indirekt von Innovationen auf dem Gebiet der Elektrotechnik/Elektronik ab.

Elektroingenieure rangieren auf Platz 2, was die Beliebtheit betrifft. 2012 gab es einen leichten Rückgang an Studienanfängern um 1,7 Prozent. Aber insgesamt starteten 2012 26.449 junge Leute – vorrangig Männer – ein Elektrotechnikstudium. Das wird sich allerdings erst in einigen Jahren auf den Arbeitsmarkt auswirken.

Elektroingenieuren stehen neben der Elektrobranche viele andere Wirtschaftszweige offen, zum Beispiel Logistikunternehmen, Softwarefirmen, Banken, Versicherungen, Unternehmensberatungen und viele mehr. Gefragt sind hier Prozessorientierung sowie fachlich fundierte Kenntnisse, die mit Methoden- und Sozialkompetenz verbunden sind. Insgesamt gehören die starren Hierarchien und streng arbeitsteiligen Prozesse innerhalb von Unternehmen der Vergangenheit an. Ingenieure tragen somit Verantwortung für die Unternehmensstrategie als Ganzes – von der Innovationsplanung bis hin zum Vertrieb.

Beispiel Bauwirtschaft: Auch im Bereich der Bauwirtschaft werden die Aufgaben von Ingenieuren immer vielfältiger. Sie sind mit der Planung, Konstruktion und Berechnung von Bauwerken ebenso betraut wie mit der Überwachung von Bauvorhaben. 2012 wurde die Konjunktur vor allem vom Wohnungsbau gestützt, während der Wirtschaftsbau Abkühlungserscheinungen zeigte. Im Ausland verdienen die deutschen Baufirmen ebenfalls gut, vor allem in Ost- und Mitteleuropa, aber auch in den USA und Südostasien. Baufirmen entwickeln sich immer mehr zu Dienstleistern und Generalunternehmern. Große Chancen bietet das **Facility Management,** das Häuser nicht nur entwirft und baut, sondern sie auch ein ganzes Häuserleben lang betreut und vermarktet. Solide Kenntnisse der Gebäudetechnik sind hierbei ebenso wichtig wie betriebswirtschaftliche und IT-Kenntnisse. 2012 starteten allerdings 7 Prozent weniger Studierende im Bauwesen als im Vorjahr, insgesamt 16.300.

Bauingenieure sind vorrangig tätig

- in Bauunternehmen,
- in Ingenieurbüros,
- in der Baustoffindustrie,
- im öffentlichen Dienst sowie
- in den Bau- und Immobilienabteilungen anderer Unternehmen.

> **!**
>
> ACHTUNG Da in der Baubranche fast ausschließlich in Projektteams gearbeitet wird, setzen Unternehmen neben fachlichem Know-how auch gute Kommunikations- und Kooperationsfähigkeiten sowie Teamfähigkeit und Präsentationstechniken voraus.

Beispiel Medizintechnik: Hier gibt es eine zunehmende Zahl von spezialisierten Studiengängen, wie „Medizintechnik", „Biomedizintechnik" und „Pharmatechnik". Neben 74 grundständischen Studiengängen zum Bachelor gibt es auch 36 weiterführende Master-Studiengänge, die jeder Diplom- und Bachelor-Absolvent mit passendem Abschluss auf seinen ersten Studiengang draufsatteln kann:

Master-Studiengänge Medizintechnik (Auswahl)

Hochschule	Studiengang	Internet
Universität Hannover	Biomedizintechnik	www.uni-hannover.de
FH Aachen	Biomedical Engineering	www.fh-aachen.de
Uni Magdeburg	Medical Systems Engineering	www.uni-magdeburg.de
Hochschule Ulm	Medizintechnik	www.hs-ulm.de
HAW Hamburg	Medizintechnik / Biomedical Engineering	www.haw-hamburg.de
FH Gelsenkirchen	Mikrotechnik und Medizintechnik	www.fh-gelsenkirchen.de

Quelle: Hochschulkompass.de, Januar 2013

Im internationalen Vergleich nimmt Deutschland auf dem Gebiet der Medizintechnik den 3. Rang hinter den USA und Japan ein. Insgesamt beschäftigt die Branche laut Bundesverband „Spectaris" rund 94.000 Mitarbeiter und setzte rund 22,2 Milliarden € um, davon rund zwei Drittel im Ausland. Überdurchschnittlich hohe Ausgaben für Forschung und Entwicklung von 9 Prozent vom Gesamtumsatz zeigen die Innovationskraft der Branche.

Wer in die Branche einsteigen will, muss bereit sein, sich sehr schnell und intensiv in das spezielle Arbeitsgebiet des eigenen Unternehmens einzuarbeiten. Günstig für Interessenten ist nach Ansicht der Deutschen Gesellschaft für Biomedizinische Technik (DGBMT) ein möglichst breit angelegtes Studium ohne allzu frühzeitige Spezialisierung. Medizinisches, betriebswirtschaftliches und natürlich technisches Interesse sowie solide Fremdsprachenkenntnisse sind von Vorteil. Kreativität wird vielfach verlangt, da die Branche auf neue Ideen angewiesen ist, sowie die Bereitschaft, im Team zu arbeiten und ständig zu lernen.

Typische Tätigkeiten für Ingenieure der Medizintechnik sind:

- Marketing, Produktmanagement und Vertrieb
- Entwicklung und Service
- Applikation von Medizinprodukten
- Gerätemanagement und Instandhaltungsplanung
- Aufgaben als Medizinprodukteberater und Sicherheitsbeauftragter
- Qualitätssicherung und Schulung
- Krankenhausplanung und -einrichtung
- Klinische Forschung

Beispiel Vertrieb: Auch Unternehmen aus Industriebranchen wie Maschinenbau, Elektrotechnik und IT leben nicht nur und nicht in erster Linie davon, dass sie neue Produkte entwickeln und herstellen, sondern vom Verkauf. Daher sind in technischen Branchen Vertriebsfachleute mit fundiertem technischen Wissen nötig, die mit Kunden auf gleicher Augenhöhe verhandeln, aber gleichzeitig die betriebswirtschaftliche Komponente im Blick behalten können. Aufgrund seiner Kunden- und Marktnähe kann der Vertriebsingenieur zugleich wichtige Rückmeldungen an das Unternehmen darüber geben, welche Wünsche seine Kunden haben, welche Trends es auf dem Markt gibt und welche Entwicklungen demzufolge zukunftsfähig sind. Wer in diesen Bereich einsteigen will, ist mit einem Studium des Wirtschaftsingenieurwesens gut beraten, das genau an der geforderten Schnittstelle zwischen Technik und Wirtschaft ansetzt.

Auslandserfahrung und uneingeschränkte Mobilität sind weitere wichtige Voraussetzungen für diese Berufssparte. Vertriebstätigkeiten sind nicht selten auch Sprungbretter für eine internationale Karriere.

> **TIPP** Wer auf der Grundlage seines Ingenieurstudiums im Vertrieb tätig werden will, sollte sich parallel dazu Grundlagen in BWL, Vertrieb, Marketing, technikrelevante Fremdsprachenkenntnisse und Kommunikations- sowie Präsentationstechniken aneignen.

Absolventen der meisten Ingenieur-Studienrichtungen können davon ausgehen, dass sie nach dem Studium relativ schnell einen Job finden, vor allem in guten, aber auch in schlechten Konjunkturphasen.

> **ACHTUNG** Trotz des nach wie vor herrschenden Ingenieurmangels sollten Absolventen und Einsteiger nicht davon ausgehen, dass die Qualifikationsanforderungen der Unternehmen an die Bewerber sinken.

Der Wettbewerb zwingt die Unternehmen, nach den bestausgebildeten Bewerbern zu suchen. Sowohl die Ausweitung der Aufgabenbereiche von Ingenieuren als auch die zunehmende Verschmelzung mit anderen Fachgebieten sowie die hohen Anforderungen an Forschung und Entwicklung machen auch künftig eine hochwertige Ausbildung zur Voraussetzung für einen reibungslosen Berufseinstieg.

1.4 Karrierechancen im Ausland

Immer mehr Unternehmen produzieren und vermarkten ihre Produkte weltweit. Um im Ausland erfolgreich zu sein, brauchen diese Unternehmen Mitarbeiter, die bereit und in der Lage sind, zumindest vorübergehend ins Ausland zu gehen und dort mit Menschen aus anderen Kulturen zusammenzuarbeiten.

Schon während des Studiums sind Auslandspraktika empfehlenswert. Sprachkurse können beispielsweise über den Deutschen Akademischen Austauschdienst (DAAD) absolviert werden. Der DAAD, aber auch öffentliche und private Förderorganisationen wie In-Went (bzw. GIZ) und Leonardo, stellen für Auslandspraktika Stipendien zur Verfügung.

 Web-Links

Weitere interessante Ansprechpartner:

- www.iaeste.de: Eines der weltweit größten Austauschprogramme für Praktika von Ingenieuren und Naturwissenschaftlern; in mehr als 80 Ländern.

- www.ahk.de: Die Außenhandelskammern Deutschlands in den Zielländern bieten einen übersichtlichen Service und alle relevanten Informationen.

- www.vdi.de: Der VDI bietet eine umfangreiche Liste mit Anschriften und weiterführender Literatur (Link zu „Karriere").

Seit Dezember 2012 können Ingenieure mit dem Berufsausweis „engineer-ING card" in neun europäische Ländern ihre Qualifikation unkompliziert nachweisen. Im Bewerbungsverfahren gibt es deutliche Vorteile. Neben Deutschland haben die Niederlande, Portugal, Irland, Tschechien, Slowenien, Polen, Kroatien und Luxemburg die Karte eingeführt (www.vdi.de/Karriere).

Ein Sprungbrett ins Ausland sind die zahlreichen Trainee-Programme speziell der großen Unternehmen, da sie häufig Auslandsaufenthalte vorsehen. Auch die Karriere in einem international operierenden ausländischen Unternehmen – optimal mit geschäftlichen Kontakten nach Deutschland – kann die eigene Karriere entscheidend voranbringen.

Neben interkultureller Kompetenz und Sprachvorteilen, die ein solcher Arbeitseinsatz im Ausland mit sich bringt, eröffnen sich dadurch unter Umständen vollkommen neue berufliche Perspektiven. Grund: Unternehmen gerade aus dem angelsächsischen Raum rekrutieren ihren Nachwuchs oft aus disziplinübergreifenden Studienrichtungen. So kann ein Maschinenbauingenieur durchaus über ein IT-Trainee-Programm Karriere machen. Wichtig ist – wenn gewünscht –, den richten Zeitpunkt für die Rückkehr zu planen.

> **! ACHTUNG** Wer zu lange auf einer Position in einem mittelständischen ausländischen Unternehmen ausharrt, ist auf dem deutschen Arbeitsmarkt unter Umständen nur noch schwer vermittelbar.

In einem international renommierten Unternehmen kann der Auslandsaufenthalt – zumal wenn man sich dabei in Führungspositionen hinein entwickelt hat – zur ausgesprochenen Empfehlung werden. Auch ein Aufenthalt von lediglich ein bis zwei Jahren ist in jedem Fall eine positive Bereicherung für jeden Lebenslauf. Was die Fremdsprachenkenntnisse betrifft, müssen sie brauchbar, jedoch nicht vollkommen sein. Wer zur Kommunikation in der jeweiligen Landessprache gezwungen ist, wird überrascht sein, wie schnell sich die Kenntnisse vervollkommnen. Am unbürokratischsten und einfachsten ist eine Auslandstätigkeit in einem EU-Land, da es hier kaum noch Formalitäten zu erledigen gibt. Wer den EU-Raum verlässt, sollte sich frühzeitig beim Auswärtigen Amt oder der Botschaft des jeweiligen Landes in Deutschland nach dem Procedere erkundigen.

2 Top-Arbeitgeber – Wer sind die besten?

2.1 Absolventenbarometer: So wählen die Kandidaten

Zwischen September 2012 und Februar 2013 führte das Beratungsunternehmen Trendence erneut seine Studie *Trendence Graduate Barometer Germany* durch (früher *Absolventenbarometer*). Rund 37.000 examensnahe Studierende der Fächergruppen Wirtschaft und Ingenieurwesen haben die Fragen nach ihren Erwartungen und Wünschen zum Thema Berufsstart beantwortet. Die Studie untersucht die Berufs-, Karriere- und Lebensvorstellungen der künftigen Fach- und Führungskräfte und kann als bisher größte und umfassendste derartige Studie für sich selbst in Anspruch nehmen, „für viele Unternehmen ein unverzichtbares Instrument der Erfolgskontrolle und des Benchmarks im Personalmarketing" zu sein. Die folgende Rangliste nennt die Platzierungen 1 bis 20 der beliebtesten Arbeitgeber bei den Ingenieurwissenschaftlern. Auf den ersten Plätzen liegen Audi, BMW, Porsche und Volkswagen.

Platzierung 2013		Unternehmen
Rang	**Prozent**	
1	18,4	Audi
2	15,5	BMW Group
3	11,6	Porsche
4	10,7	Volkswagen
5	10,6	Siemens
6	9,0	Daimler
7	8,6	Bosch
8	7,2	EADS
9	5,0	Bilfinger
9	5,0	Frauenhofer-Gesellschaft
11	4,9	Lufthansa Technik Boston Consulting Group
12	4,4	HOCHTIEF
13	3,9	Deutsches Zentrum für Luft- und Raumfahrt (DLR)
14	3,8	Deutsche Bahn
14	3,8	BASF
16	3,7	Züblin
17	3,3	Google
17	3,3	ThyssenKrupp
19	2,8	E.ON
20	2,7	RWE

Quelle: trendence-Institut für Personalmarketing, *Das Absolventenbarometer 2013 – Deutsche Engineering Edition*, www.trendence.de; www.deutschland100.de

2.2 Great Place to Work: So urteilen die Mitarbeiter

Deutschlands beste Arbeitgeber 2013

Jedes Jahr zeichnet das Institut Great Place to Work® Deutschland auf Basis von Benchmarkuntersuchungen Unternehmen aus. Beim bundesweiten seit 2003 durchgeführten Wettbewerb „Deutschlands Beste Arbeitgeber" wurden 2013 insgesamt 100 Unternehmen aller Branchen, Regionen und Größen für Leistungen in der „Entwicklung vertrauensvoller Arbeitsbeziehungen und der Gestaltung attraktiver Arbeitsbedingungen" gewürdigt. Bundesweit stellten sich über 400 Unternehmen der unabhängigen Prüfung von Qualität und Attraktivität ihrer Arbeitsplatzkultur. Mehr als 100.000 Beschäftigte nahmen an den Befragungen zu Themen teil wie Führung, Zusammenarbeit, Anerkennung, Bezahlung, berufliche Entwicklung und Gesundheit. Darüber hinaus analysierte das Institut die unternehmensspezifischen Maßnahmen der Personal- und Führungsarbeit. Partner des Wettbewerbs sind die Universität zu Köln, das Handelsblatt, das Personalmagazin sowie Das Demographie Netzwerk (ddn). Unterstützt wird der Wettbewerb von der Jobbörse StepStone. Die komplette 100-Beste-Liste unter: www.greatplacetowork.de.

	Unternehmen	Branche	Mitarbeiter	Homepage
Top 3 der Unternehmen 50 bis 500 Mitarbeiter				
1	Schindlerhof	Hotel- und Gastgewerbe	72	www.schindlerhof.de
2	pentasys	IT	161	www.pentasys.de
3	St. Gereon	Gesundheit und Soziales, Altenpflege	269	www.st-gereon.info
Top 3 der Unternehmen 501 bis 2.000 Mitarbeiter				
1	NetApp Deutschland GmbH	Information Technology – IT Consulting	648	www.netapp.com/de
2	DIS AG	Personaldienstleistungen	660	www.dis-ag.com
3	W. L. Gore & Associates GmbH	Multi-Technologie	1.497	www.gore.com/de_de/
Top 3 der Unternehmen 2.001 bis 5.000 Mitarbeiter				
1	Microsoft	IT	2385	www.microsoft.de
2	SICK AG	Manufacturing & roduction – Electronics	2.610	www.sick.com
3	Johnson & Johnson Medical	Medizintechnik	2036	www.jnjmedical.de

Unternehmen	Branche	Mitarbeiter	Homepage
Top 3 der Unternehmen über 5.000 Mitarbeiter			
1 Techniker Krankenkasse	Krankenkassen	11.852	www.tk.de
2 Datev eG	IT	6.317	www.datev.de
3 SAP AG	IT	14.985	www.sap.de

Quelle: Great Place to Work® Deutschland, 2013

Die 100 besten Arbeitgeber in Europa 2013

Bereits 2003 kürte das Institut Great Place to Work® zum ersten Mal die „100 Besten Arbeitgeber Europas". 2013 nahmen über 1.500 Unternehmen aus 18 Ländern teil. Sie repräsentieren europaweit über 1,2 Millionen Mitarbeiter. Great Place to Work® hat nun auf Basis von Benchmarkstudien die Arbeitsplatzkultur analysiert. Die Ergebnisse dazu werden in zwei Größenkategorien systematisiert: Ein Ranking erfasst Unternehmen mit 50 bis 500 Mitarbeitern; ein weiteres Ranking nennt Unternehmen mit mehr als 500 Mitarbeitern.

Alle 100 besten Arbeitgeber Europas sind ebenso in ihren Ursprungsländern die besten Arbeitgeber. „Was sie über regionale-, wirtschaftliche- und kulturelle Grenzen vereint, ist ein starker und visionärer Führungsstil und eine innere Verpflichtung, einen Arbeitsplatz zu erschaffen, in der Mitarbeiter ihrem Arbeitgeber Vertrauen entgegen bringen, stolz sind auf das, was sie tun und Freude am Umgang mit ihren Kollegen haben", so das Institut.

Die besten Arbeitgeber – Top Ten der KMU in Europa (50 bis 500 Mitarbeiter)

	Unternehmen	Branche	EU-Land	Homepage
1	Futurice	Information Technology Software	Finnland	www.futurice.com
2	Webstep	Information Technology IT Consulting	Norwegen	www.webstep.no
3	Centiro Solutions	Information Technology Software	Schweden	www.centiro.se
4	Impact International	Professional Services Consulting – Management	Großbritannien	www.impactinternational.com
5	Key Solutions	Professional Services Business Process Outsourcing Call centers	Schweden	www.keysolutions.se
6	Baringa Partners	Professional Services Consulting – Management	Großbritannien	www.baringa.com

7	Tenant & Partner	Construction, Infrastructure & Real Estate – Real Estate	Schweden	www.tenantand-partner.com
8	EiendomsMegler 1 Midt Norge	Construction, Infrastructure & Real Estate – Real Estate	Norwegen	www.eiendoms-megler1.no
9	Fondia	Professional Services – Legal	Finnland	www.fondia.fi
10	Softcat Limited	Information Technology – IT Consulting	Großbritannien	www.softcat.com

Quelle: Great Place to Work® Institute, Inc., 2013

Die besten Arbeitgeber – Top Ten der Großunternehmen in Europa (ab 500 Mitarbeiter)

	Unternehmen	Branche	EU-Land	Homepage
1	Capital One (Europe)	Financial Services & Insurance	Großbritannien	www.capitalone.co.uk
2	Schoenen Torfs	Retail	Belgien	www.torfs.be
3	EnergiMidt	Manufacturing & Production Energy Distribution	Dänemark	www.Energimidt.dk
4	DIS	Professional Services Staffing & Recruitment	Deutschland	www.dis-ag.com
5	HYGEIA Hospital	Health Care – Hospital	Griechenland	www.hygeia.gr
6	ROFF	Information Technology IT Consulting	Portugal	www.roffconsul-ting.com
7	Davidson	Professional Services Consulting Engineering	Frankreich	www.davidson.fr
8	TIVOLI	Hospitality Hotel/Resort	Dänemark	www.tivoli.dk
9	Rackspace	Information Technology	Großbritannien	www.rackspace.co.uk
10	Vector Informatik	Information Technology Software	Deutschland	www.vector.com

Quelle: Great Place to Work® Institute, Inc., 2013

3 Branchen

Ingenieure finden in fast allen Branchen und Wirtschaftszweigen interessante Tätigkeitsfelder. Naturgemäß ist vor allem die Industrie wichtigster Arbeitgeber, aber auch öffent-
licher Dienst, Verbände und Vereine, Beratungsfirmen, Ingenieur- und Architekturbüros,
Bildungswesen sowie Finanzdienstleister bieten attraktive Arbeitsbereiche.

Wo Ingenieure arbeiten

Branche	Anteil in Prozent
Bergbau und Verarbeitendes Gewerbe	42
Facility Management/ Dienstleistungen für Unternehmen	26
Baugewerbe	11
Öffentliche Verwaltung	6
Öffentliche und private Dienstleistungen	3
Verkehr und Nachrichten-Übermittlung	5
Handel und Gastgewerbe	3
Energie und Wasserversorgung	3
Kredit- und Versicherungsgewerbe	1

Quelle: Bundesingenieurkammer, 2011

Im Folgenden werden die wichtigsten Branchen mit den Einstiegsmöglichkeiten vorge-
stellt.

3.1 Chemische Industrie

Die chemische Industrie produziert ein breites Sortiment für alle Lebensbereiche. Vieles
davon geht als Vorprodukt in andere Branchen: anorganische Grundchemikalien, Petrochemikalien, Polymere sowie Fein- und Spezialchemikalien. Aber auch jeder Endverbraucher nutzt täglich chemische Produkte: Medikamente, Wasch- und Reinigungsmittel, Kör-
perpflege, Lacke, Farben, Klebemittel sind nur einige Beispiele. Die Chemie ist die dritt-
größte Industriebranche in Deutschland. 2011 setzte sie rund 185 Milliarden € um. Vor ihr
liegen nur der Kraftfahrzeugbau und der Maschinenbau.

Mit 437.000 Mitarbeitern trägt sie maßgeblich zur Beschäftigung in Deutschland bei. Wei-
tere 380.000 Arbeitsplätze entstehen durch die Nachfrage der Chemieunternehmen bei
Zulieferern und noch einmal 200.000 durch die Nachfrage der Chemiebeschäftigten nach
Konsumgütern.

Die Branche gehört als Lieferant wichtiger Vorprodukte zu den Innovationsmotoren der Industrienation Deutschland. Fast 80 Prozent ihrer Produktion gehen an Kunden aus der Industrie. Bedeutende Abnehmer sind:

* Kunststoffverarbeitung,
* Automobil- und
* Bauindustrie.

Der wichtigste Kunde ist allerdings die Chemieindustrie selbst. Entlang ihrer vielgliedrigen Wertschöpfungskette entstehen zum Beispiel aus Rohbenzin Petrochemikalien, die wiederum zu Polymeren und Spezialchemikalien weiterverarbeitet werden.

Die 10 umsatzstärksten Chemieunternehmen Deutschlands (2011)

Rang	Unternehmen	Umsatz (in Millionen €)	Beschäftigte
1	BASF SE	73.497	111.141
2	Bayer AG	36.528	111.800
3	Fresenius SE	16.522	149.351
4	Henkel AG	15.605	47.265
5	Evonik Industries AG	14.540	33.556
6	Linde AG	13.787	50.500
7	Boehringer Ingelheim GmbH	13.171	44.094
8	Merck KGaA	10.276	40.676
9	Lanxess AG	8.775	16.300
10	Beiersdorf AG	5.633	17.666

Quelle: www.vci.de

Fast 9,2 Milliarden € investierte die chemische Industrie 2012 in Forschung und Entwicklung (F&E) und rangiert damit nach der Autoindustrie und der Elektroindustrie auf Platz drei. In den Forschungslabors arbeiten rund 41.500 Chemiker. Rund 430 promovierte Chemiker stiegen 2012 in die Forschungsabteilungen der chemisch-pharmazeutischen Unternehmen ein. Vier von fünf Betrieben forschen regelmäßig.

Um auch weiterhin als Innovationsmotor agieren zu können, benötigt die chemische Industrie bestens ausgebildete Wissenschaftler, Ingenieure und Techniker, eine effiziente Grundlagenforschung und eine innovationsfreundliche Gesetzgebung. Mehr als 30 Prozent des Personals in der Forschung und Entwicklung sind Wissenschaftler und Ingenieure, über 12.500 Personen.

Die Struktur der Branche ist klein und mittelständisch geprägt. Rund 2.000 Unternehmen gehören dazu – einige wenige weltbekannte, namhafte Großunternehmen und mehr als 90 Prozent kleine und mittlere Unternehmen mit weniger als 500 Beschäftigten. Bei ihnen arbeitet jeder vierte Chemiearbeiter; sie sind also wichtige Arbeitgeber. Außerdem erwirtschaften sie jeden vierten Euro. Im Unterschied zu anderen Branchen ist der Mittelstand in der Chemie nicht in erster Linie Zulieferer, sondern Kunde der Großunternehmen.

Die deutsche Chemieindustrie ist **in Europa die Nummer 1**, vor Frankreich und Großbritannien. Sie hält einen Anteil von 25 Prozent der europäischen Chemieproduktion. Wichtige Impulse für die Entwicklung gibt es durch die wieder anziehende Auslandsnachfrage. Deutschland profitiert davon, indem es exportiert und im Ausland investiert. Seit 1991 haben sich die deutschen Chemie-Exporte mehr als verdoppelt. Rund 55 Prozent ihrer Produkte verkauft die deutsche Chemieindustrie ins Ausland. Fast zwei Drittel in die 27 EU-Länder, knapp 9 Prozent in die NAFTA-Region, fast 14 Prozent nach Asien – Tendenz hier steigend. Die EU ist nach wie vor der wichtigste Markt.

Aber nicht nur über den Export sind die deutschen Chemieunternehmen auf dem Weltmarkt präsent. 1.350 Unternehmen mit rund 377.000 Beschäftigten hat die chemische Industrie im Ausland und erzielt damit einen Umsatz von fast 164.000 Milliarden €. Die wichtigsten Auslandsstandorte liegen in der EU, aber auch die asiatischen Schwellenländer werden immer wichtiger.

Der globale Wettbewerb ist hart. Die Unternehmen strukturieren unter diesem Druck ihre Geschäftsfelder neu, bauen Kerngeschäfte aus und lagern Randaktivitäten aus. Das führt zu einer stärkeren Spezialisierung und Aufspaltung der Unternehmen. Ein weiterer Trend ist die vermehrte Übernahme vor allem von Pharmaunternehmen durch ausländische Hersteller bzw. die Beteiligung von Finanzinvestoren an Chemieunternehmen.

Die deutsche Chemie kann nicht über Billiglöhne oder Rohstoffe konkurrieren. Ihr strategischer Vorteil beruht auf ihrer **hervorragenden Wissensbasis**, die in den Forschungsabteilungen und Forschungseinrichtungen sowie bei ihren Mitarbeitern international einmalig gebündelt ist. Die Forschung in den Unternehmen ist in den letzten Jahren anwendungsorientierter geworden, während die Grundlagenforschung vorzugsweise in den öffentlichen Forschungsinstituten stattfindet.

> **TIPP** Wer in die chemische Industrie einsteigt, findet attraktive Bedingungen vor. Aufgrund der hohen Produktivität und des hohen Bildungsniveaus sind die Löhne und Gehälter hoch.

Ein Arbeitnehmer geht im Schnitt mit gut 52.000 € brutto nach Hause – und bekommt damit rund 20 Prozent mehr als der Durchschnitt im verarbeitenden Gewerbe. Ingenieure steigen mit rund 47.800 € ein. Ihr Anteil an allen Akademikern in der chemischen Industrie beträgt 23 Prozent. Der Einstieg erfolgt meist direkt oder über ein Trainee-Programm.

Special Automotive: Schlüsselbranche für Ingenieure

Die deutsche Automobilindustrie als Ganzes ist zunehmend international aufgestellt. Etwa 60 Prozent des Umsatzes wird außerhalb Deutschlands erwirtschaftet. Sie ist und bleibt volkswirtschaftlich eine Schlüsselbranche. Jedes zweite Unternehmen in Deutschland sucht Ingenieure. Dabei zieht die Autobranche Ingenieure wie ein Magnet an. Automobilhersteller liegen auf der Wunschliste junger Ingenieure weit vorn. Ganz vorn liegen Audi und BMW. Alles, was Ingenieur-Absolventen von Arbeitgebern erwarten, erfüllen Automobilhersteller scheinbar. Und Automobilunternehmen haben einen hohen Bedarf an Ingenieueren. Auch die Zulieferindustrie holte auf.

Der Arbeitsmarkt für Ingenieurfachkräfte im Jahr 2011

	Sozialversicherungspflichtig Beschäftigte[1]	Veränderung gegenüber Vorjahr in Prozent	Stellenzugänge (Jahressumme)	Veränderung gegenüber Vorjahr in Prozent	Arbeitslose (Jahresdurchschnitt)	Veränderung gegenüber Vorjahr in Prozent
Maschinen- und Fahrzeugbau	157.400	+3	15.600	+37	4.200	−30
Elektro	150.300	−1	9.100	+26	2.800	−27
Architektur, Bau[2]	128.300	+3	8.000	+7	5.700	−17
Vermessung	9.100	±0	500	+44	300	−19
Bergbau-, Hütten-, Gießerei	5.500	−2	500	+28	400	−26
Übriges Fertigungswesen	25.500	±0	1.100	+18	1.000	−16
Sonstige	238.900	+6	9.000	+30	6.300	−18
darunter Wirtschaft	–	–	3.300	+30	2.300	−21
Ingenieurwesen insgesamt	**714.900**	**+3**	**43.700**	**+26**	**20.800**	**−22**
Akademische Fachkräfte insgesamt	3.070.178	+5	141.000	+17	166.400	−6
Arbeitsmarkt insgesamt	28.381.300	+2	2.232.900	+11	2.975.800	−8

1 vorläufige Daten; 2 ohne Innenarchitektur
Quelle: Bundesagentur für Arbeit

Rund 140.000 Ingenieure arbeiten derzeit in der Automobilbranche. Der wohl größte Bedarf besteht an Maschinenbau-Ingenieuren mit Schwerpunkt Fahrzeugtechnik, Elektro-Ingenieuren und Informatikern. Darüber hinaus sind Wirtschaftsingenieure und Mechatroniker gefragt.

Praktika in der Industrie, am besten in der Automobilbranche, sind für Bewerber technischer Fachrichtungen unbedingte Voraussetzung. Großen Wert wird auf Team- und Kommunikationsfähigkeit, analytisches Denken und eigenverantwortliches Handeln gelegt. Von neuen Ingenieuren werden relativ schnell eigenverantwortliche und selbstständige Arbeit erwartet.

Der Einstieg gelingt über ein international angelegtes Trainee-Programm am besten, wenn zuvor Erfahrungen im Ausland gesammelt wurden. Beinahe selbstverständlich ist, dass nicht nur die englische Sprache beherrscht wird, sondern auch weitere Fremdsprachen gesprochen werden. Speziell für Ingenieure, die in der Automobilbranche tätig sind, empfehlen sich Grundkenntnisse in Chinesisch, weil der dortige Markt künftig weiter expandieren wird. Absolventen, die weitere Sprachen der kommenden Automobilmärkte sprechen – Polnisch, Tschechisch, Russisch, Indisch –, sammeln wertvolle Pluspunkte. Noch vorteilhafter ist es, wenn profunde Kenntnisse der jeweiligen Landeskultur, wie man sie im Grunde nur während eines Auslandsaufenthaltes erlangen kann, vorhanden sind.

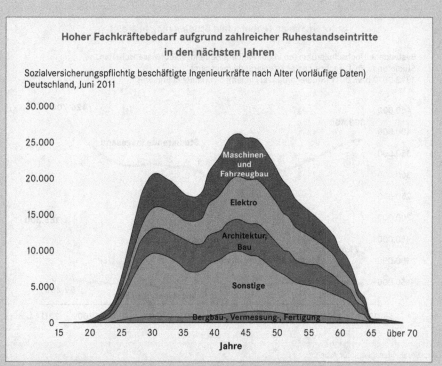

Hoher Fachkräftebedarf aufgrund zahlreicher Ruhestandseintritte in den nächsten Jahren

Sozialversicherungspflichtig beschäftigte Ingenieurkräfte nach Alter (vorläufige Daten) Deutschland, Juni 2011

Quelle: Bundesagentur für Arbeit

Für eine erfolgreiche Bewerbung erwarten die Top-Arbeitgeber allerdings auch einiges – gute Noten, schnelles Studium, internationale Praktika, persönliche Mobilität und hohe Eigenmotivation. Aufgrund der großen Beliebtheit haben insbesondere Automobilbauer eine ordentliche Auswahl unter vielen Bewerbern. Von neuen Ingenieuren wird relativ schnell eigenverantwortliches und selbstständiges Arbeiten erwartet. Wer sich als ambitionierter Autofreund mit Sinn für Technik und Wirtschaft oder bereits als ausgebildeter Ingenieur bewirbt, wird in der Regel mit attraktiven Arbeitsplätzen und guten Karrierechancen belohnt.

Die Automobilindustrie sucht immer gut ausgebildete Maschinenbauingenieure mit der Fachrichtung Fahrzeugtechnik. Große Chancen haben unter anderem Elektrotechniker, Regelungstechniker und IT-Spezialisten, da die Ausstattung der Fahrzeuge sowohl mit elektronischen Standards als auch mit technischen Raffinessen steigen wird. Absolventen der Querschnittsstudiengänge Mechatronik und Wirtschaftsingenieurwesen können an den Schnittstellen von Maschine und Elektronik tätig werden. Gut ausgebildet haben sie die Möglichkeit, auch als Entwicklungs-, Versuchs- und Erprobungsingenieure zu arbeiten oder als ingenieurtechnische Forscher für Versicherer aktiv zu werden. Stellvertretend sei das Allianz Zentrum für Technik (AZT-Automotive) genannt. Das AZT-Automotive beschäftigt sich mit Unfall-, Sicherheits- und Reparaturforschung.

Interesse an technischen Studiengängen steigt

Bestandene Hochschulprüfungen in der Fächergruppe Ingenieurwissenschaften, Studierende im 1. Fachsemester, Studierende insgesamt
1993-2010 bzw. 2011 (Studienanfänger/innen); * vorläufiges Ergebnis

Quelle: Bundesagentur für Arbeit

Bereits während des Studiums ist Eigeninitiative gefragt, die dem künftigen Berufsziel dient. Dazu zählen betriebswirtschaftliche und sprachliche Zusatzqualifikationen, die Mitarbeit im Rahmen von Studenteninitiativen oder auch Aktivitäten im Verein Deutscher Ingenieure. Spätestens ab Mitte des Hauptstudiums muss der Kontakt zu potenziellen Arbeitgebern gesucht und intensiviert werden. Eine Möglichkeit dafür bieten deutschlandweite Firmenkontaktmessen, die jährlich meist an den Wochenenden stattfinden.

Wenn der Arbeitsplatz nach dem Studium oder als Quereinsteiger relativ schnell anvisiert wird, sollten sowohl Gespräche mit den Arbeitsvermittlern akademischer Berufe in den Agenturen für Arbeit eingeplant als auch Initiativbewerbungen geschrieben werden. Immens wichtig ist und bleibt, fachlich fit zu sein. Wer sich beispielsweise als Fahrzeugbau-Ingenieur bewirbt, muss wissen, dass selbstverständlich nicht nur ein sicherer Umgang mit den gängigen PC-Programmen (etwa Microsoft Office Software), sondern ebenso CAD-Anwendungskenntnisse (rechnergestütztes Konstruieren) und CNC-Programmier-kenntnisse (computergestützt numerische Steuerung) erwartet werden.

1. Einstieg und Einsteigerprogramme

Beispiel Porsche AG: Das Sportwagen-Unternehmen bietet für Ingenieure viele Einsatzmöglichkeiten. Als Forschungs- und Entwicklungsingenieur gestaltet man die Zukunft eines besonderen Sportwagens mit. Dazu gehört zum Beispiel, neue Karosserien zu entwickeln und bestehende zu optimieren. Dazu gehört auch, alternative Antriebskonzepte zu entwickeln. Porsche Engineering bietet darüber hinaus weltweit Dienstleistungen für Automobilhersteller, Zulieferer und Industrie.

Der Start bei Porsche kann als Schüler, Student, Absolvent und als Berufserfahrener erfolgen. Während der Karrierestart als Schüler mit einer Ausbildung beginnt und mit einem dualen Studium oder über ein Berufsorientierungspraktikum fortgesetzt werden kann, gibt es für Studenten unterschiedliche Praktika. Sie dienen dazu, betriebliche Erfahrungen als Praktikant, Werksstudent oder im Rahmen der Abschlussarbeit zu sammeln. Der Absolvent steigt direkt „on the job" ein oder entscheidet sich dafür, parallel zur Praxis wissenschaftlich tätig zu sein. Bei Berufserfahrenen entscheiden neben einer drei- bis fünfjährigen Berufserfahrung deren speziellen Qualifikationen und Fähigkeiten (www.porsche.com).

Beispiel Daimler AG: Das Unternehmen bietet das konzernweite Einstiegsprogramm CAReer für leistungsorientierte und automobilbegeisterte Hochschulabsolventen. CAReer ist ein unternehmensweites Ausbildungsprogramm. Innerhalb von 12 bis 15 Monaten lernen Einsteiger in verschiedenen Projekten unterschiedliche Geschäfts- und Fachbereiche auch im Ausland kennen. Studenten, Absolventen und Berufserfahrene können das Traditionsunternehmen unter anderem auf deren deutschlandweiten Veranstaltungen kennenlernen (www.career.daimler.com/dhr/).

In der Automotive IT-Branche dürfte auch der Einstieg als diplomierter Informatiker besonders interessant und herausfordernd sein. Am ehesten gelingt es den Absolventen, Nachwuchskräften und Quereinsteigern, die einen breiten Fundus an praktischen Erfahrungen vorweisen können. Ihre Stärken liegen neben der fachlichen Qualifikation in der Kommunikation und der Fähigkeit, Projekte gemeinsam als Team realisieren zu wollen und zu können. Um sich darauf gut vorzubereiten, eignen sich Aufenthalte in IT-Abteilungen von Automobilunternehmen, die den Praktikanten und Diplomanden wertvolle Wissenschafts- und Forschungspraxis vermitteln. Übrigens, Software-Entwicklern gelingen die besten Einstiege ins Unternehmen, wenn sie dies auf direktem Wege tun. Hat man den Sprung geschafft, bieten sich viele Karrieremöglichkeiten in beratender Funktion oder im technischen Management.

2. Einstiegsgehälter

In der Automobilbranche, das ist kein Geheimnis, kann gutes Geld verdient werden. Projektleiter erhalten Jahresgehälter von durchschnittlich 65.000 €, Teamleiter und Abteilungsleiter schaffen 73.000 beziehungsweise 84.000 € (Quelle: Ingenieurkarriere.de). Absolventen müssen mit deutlich weniger Gehalt auskommen (durchschnittlich 43.500 €). Hinzuzurechnen sind tarifliche und außertarifliche Zulagen und auch betriebliche Sonderzahlungen. Sie schwanken innerhalb der Branche und sind unternehmensabhängig.

Die Auswertung der Einkommenssituation von Ingenieurkarriere.de, dem Karriereportal der VDI nachrichten, gibt einen detaillierten Überblick über die Bruttoeinstiegsgehälter von Ingenieuren 2012. Die branchenübergreifenden Studien berücksichtigt die ungefähren Einstiegsgehälter nach jeweiligem Abschluss und akademischen Grad sowie nach Branchen und der Unternehmensgröße.

1. Nach Abschluss:

Berufsakademie	43.167 €
Universität	45.004 €
Fachhochschule	43.310 €
Promotion	59.725 €

2. Nach akademischen Grad:

Bachelor.	42.500 €
Master	44.200 €
Diplom Fachhochschule	41.000 €
Diplom Universität/Technische Hochschule	45.500 €

3. Nach Branchen:

Fahrzeugbau	46.000 €
Maschinen- und Anlagenbau	44.550 €
Ingenieur- und Planungsbüros	40.260 €
Baugewerbe	40.936 €
Energieversorgung	43.025 €
Elektronik/Elektrotechnik	44.162 €

4. Nach Unternehmensgröße:

1 – 50 Mitarbeiter	39.996 €
51 – 250 Mitarbeiter	42.900 €
251 – 1.000 Mitarbeiter	44.972 €
1.001 – 5.000 Mitarbeiter	44.978 €
> 5.000 Mitarbeiter	48.000 €

Quelle: Ingenieurkarriere.de/gehalt/Daten 2012

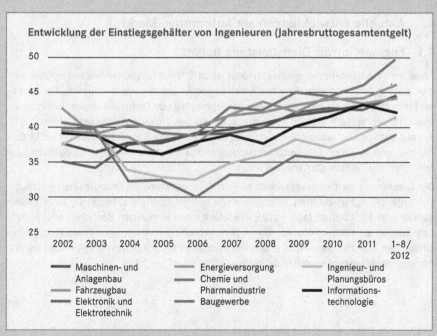

Entwicklung der Einstiegsgehälter von Ingenieuren (Jahresbruttogesamtentgelt)

Maschinen- und Anlagenbau
Fahrzeugbau
Elektronik und Elektrotechnik
Energieversorgung
Chemie und Pharmaindustrie
Baugewerbe
Ingenieur- und Planungsbüros
Informationstechnologie

Quelle: Gehaltstest www.ingenierukarriere.de

3. Karrierechancen

Die Karriereperspektiven in der Automobilbranche sind bei entsprechender Leistung ausgesprochen gut. Wer die Karriereleiter nach oben klettern möchte, muss sich bei internen Bewerbungen auf ausführliche Eignungstests einstellen. Sind die Einstellungshürden geschafft, stehen attraktive Karrieren, besonders in Forschung und Entwicklung, bevor. Die Projekte können sich sehen lassen – Mobilitätskonzepte, zukunftsweisende Antriebe, neue Antriebsenergien, neuartige Leichtbau-Konstruktionen, neue Reifen mit noch besseren aerodynamischen Eigenschaften zum Beispiel. Wer als Ingenieur in der Automobilbranche einsteigt, gestaltet die Zukunft der Mobilität mit. Die Branche braucht kluge und kreative Köpfe. Sie gibt ihnen spannende Aufgaben und bietet außergewöhnliche Entwicklungsperspektiven.

>< Web-Links

Interessante Links für die richtige Wahl eines Ingenieurstudiums:

www.wege-ins-studium.de	www.studieren-in-deutschland.de
www.studienwahl.de	www.vdi-online.de
www.hochschulkompass.de	www.arbeitsagentur.de/BIZ
www.ingenieurwesen-studieren.de	www.berufenet.de
www.unischnuppern.de	www.mastermap.de

4. Aktuelle Entwicklungen am Automotive-Markt

4.1 Engineering als Dienstleistung boomt

Sogenannte Engineering-Dienstleister oder auch Entwicklungsdienstleister erobern immer stärker den hochspezialisierten Arbeitsmarkt in der Automobilindustrie. Sie erwirtschaften ihren Umsatz größtenteils aus der Erbringung von Dienstleistungen. Die Produktion und der Verkauf eigener Produkte kommen bei Entwicklungsdienstleistern in der Regel nicht vor. Die Automobilindustrie ist eine klassische Kundenbranche dieser Unternehmen und in Zeiten von Outsourcing und anderen Rationalisierungsmaßnahmen vermehrt auf die Dienstleister angewiesen.

Die Zusammenarbeit kann verschiedene Formen annehmen. Die Unternehmen vertrauen den Entwicklungsspezialisten Teilprojekte wie zum Beispiel die Entwicklung einer neuen Klimaanlage an. Oder sie lagern die Entwicklung eines kompletten Bereiches aus. Außerdem können sie auch in Form von Werks-, Projekt- und Dienstverträgen sowie Zeitarbeitsabkommen externes Know-how einkaufen. Hier zeigt sich der Fachkräfte-, insbesondere der Ingenieurmangel besonders deutlich.

Führende Anbieter von Technologie-Beratung und Engineering Services in Deutschland 2011

Unternehmen	Umsatz in Deutschland in Mio. €		Mitarbeiterzahl in Deutschland	
	2011	2010	2011	2010
1 Bertrandt AG, Ehningen*	508,2	388,9	6.600	5.300
2 IAV GmbH Ingenieur-gesellschaft Auto und Verkehr, Berlin	404,7	311,3	3.926	3.100
3 EDAG GmbH & Co. KGaA, Fulda[1]	376,0	322,0	4.342	4.298
3 Ferchau Engineering GmbH, Gummersbach*	376,0	287,4	4.000	3.470
5 MBtech Group GmbH & Co. KGaA, Sindelfingen	340,0	250,0	2.600	2.100
6 ESG Elektroniksystem-und Logistik GmbH, Fürstenfeldbruck	228,0	223,0	1.175	1.120
7 Brunel GmbH, Bremen	150,3	109,9	2.150	1.800
8 Randstad Professionals GmbH & Co. KG, Köln*,[2,3]	145,0	130,0	2.450	2.200
9 Euro Engineering AG, Ulm[4]	140,0	120,7	2.120	2.000
9 IndustrieHansa Con-sulting & Engineering GmbH, München[5]	140,0	64,0	1.800	840

* Umsatz- und/oder Mitarbeiterzahlen teilweise geschätzt.
1 In den Geschäftszahlen der EDAG GmbH & Co. KGaA ist rückwirkend für 2010 der Umsatz des Schwesterunternehmens FFT EDAG Produktionssysteme GmbH & Co. KG nicht enthalten.
2 Ohne die Umsätze der in 11/2011 an Segula IndustrieHansa veräußerten Aerospace-Geschäftseinheiten.
3 Seit 01.04.2012 firmiert Yacht Teccon unter Randstad Professionals.
4 Einschließlich der Umsätze der Encad Ingenieurgesellschaft mbH.
5 Übernahme der Aerospace-Geschäftseinheiten von Yacht-Teccon durch das Joint-Venture Segula IndustrieHansa.
Quelle: Lünendonk-Liste, Top 10 der führenden Anbieter von Technologie-Beratung und Engineering Services in Deutschland 2011, www.luenendonk.de

„Zeitarbeit ist gesamtwirtschaftlich betrachtet notwendig, um Arbeitsmarktflexibilität zu gewährleisten, ...", sagt Volker Enkerts, Präsident des Bundesarbeitgeberverbandes der Personaldienstleister (BAP). So berichteten bedeutende Engineering-Dienstleister von 10- bis 20-prozentigen Wachstumsraten pro Jahr. Denn die Nachfrage nach gut ausgebildeten und hochspezialisierten Ingenieuren ist unvermindert hoch. Ingenieure „von dort" übernehmen Entwicklungsaufträge unterschiedlichster Art in Eigenregie oder werden etwa von Automobilfirmen für eine bestimmte Dauer ins Unternehmen geholt, um diverse

Projekte etwa effizient und verzögerungsfrei zu realisieren. Inzwischen sind zwischen Automobilbranche und Engineering-Dienstleistern feste Partnerschaften entstanden. Es gibt kaum einen namhaften Hersteller oder Zulieferer, der nicht darauf zurückgreift. Der Service der Dienstleister ist bereits so weit entwickelt, dass nach regionalen Bedürfnissen der Industrie hinsichtlich ihrer Fachkräfte ein Stützpunktnetz installiert wurde.

Sowohl für Automobilhersteller und Zulieferindustrie als auch für die Ingenieure vom Dienstleister bringt eine derartige Zusammenarbeit Vorteile. Fällt zum Beispiel ein Ingenieur in einem Unternehmen krankheits- oder verletzungsbedingt aus, kann er für diese Zeit durch einen Spezialisten vom Dienstleister ersetzt werden. Die „Wahl-Ingenieure" wissen die Plattform der Engineering-Dienstleister zu schätzen, weil ihnen im hochspezialisierten Bereich ganz gezielt Arbeitsplätze geboten werden und ihnen dadurch die Möglichkeit eröffnet wird, einen festen, bestenfalls unbefristeten Arbeitsvertrag unterschreiben zu können.

Unter der Überschrift „Arbeitsmarkt zweiter Klasse oder echte Chance?" wird bei karriere-ing.de berichtet: „Auf Ingenieure spezialisierte Personalberater wie Harald Stapf aus Bad Homburg finden es deshalb gar nicht so schlecht, wenn Hochschulabsolventen ein paar Jahre lang Erfahrung bei einem Ingenieurdienstleister sammeln. ‚Er oder sie bekommt die Möglichkeit, mit verschiedenen Herstellern zusammenzuarbeiten, unterschiedliche Betriebe kennenzulernen und sich mit der Zeit zu einem Spezialisten weiterzuentwickeln', lobt Stapf das Beschäftigungsmodell. ‚Wer Spezialist bleiben will, ist in einem solchen Büro ganz gut aufgehoben.' Wer das aber nicht anstrebt, sondern breit aufgestellt bleiben oder ins Management aufsteigen will, der solle nach drei bis fünf Jahren das Weite suchen und zu einem Kunden oder einem anderen OEM-Hersteller wechseln. ‚Die große Karriere macht man bei einem Ingenieurdienstleister sicher nicht', sagt der Berater. ‚Das Höchste, was man erreichen kann, ist der Status eines nachgefragten Spezialisten. Der braucht sich um seine Beschäftigung dann auch keine Sorgen mehr zu machen.'"

Zufrieden mit der Ko-Existenz sind vor allem die Dienstleister selbst. So schreibt karriere-ing.de über die Ingenieurdienstleister:

„Seit etwa zwei Jahrzehnten geht es mit den Ingenieurdienstleistern steil aufwärts. Denn um Kosten zu sparen und schnell an neues Wissen zu kommen, vergeben Großkonzerne immer mehr Entwicklungsarbeit nach draußen. Doch blühen muss sie im Verborgenen, denn die Ehre für die Innovationen wollen die Auftraggeber selbst einheimsen. Sie fürchten Imageschäden, wenn bekannt würde, dass viele Teile ihrer teuren Produkte von externen Dienstleistern entwickelt wurden.

4.2 Umweltfreundliche Antriebe

Aktuell zentrale Themen der Branche sind weiterhin der Umweltschutz, geringere Kraftstoffverbräuche und alternative Antriebskonzepte. Auch wenn in diesen Bereichen bereits Enormes geleistet worden ist, bleibt erhebliches Entwicklungspotenzial. Stellvertretend sei die 2004 gegründete Offensive „Clean Diesel" genannt, die den sparsamen Kraftstoffverbrauch des Diesels mit den Emissionsvorzügen des Ottomotors verbindet. Zum ersten Mal starteten die deutschen Pkw-Hersteller Audi, BMW, Daimler, Porsche und Volkswagen sowie Zulieferer Bosch gemeinsam die informative Kampagne „Clean Diesel. Clearly Better" in den USA. Hierbei werden die Vorteile der neuesten Diesel-Technik für Pkw bezüglich Leistung und Sauberkeit sowie Verbrauch mit dem Otto-Motor verglichen. Hintergrund ist, dass dieselgetriebene Light Trucks kaum auf dem Markt sind. Clean-Diesel-Fahrzeuge halten die sehr anspruchsvollen Umweltstandards in allen US-Bundesstaaten ein. Ihre Kraftstoffeffizienz ist im Vergleich zu entsprechenden Modellen mit Otto-Motor durchschnittlich um fast ein Fünftel höher (18 Prozent).

Der durchschnittliche CO_2-Ausstoß von neu zugelassenen Fahrzeugen in Deutschland ist 2012 weiter gesunken. Das zeigte sich im deutschen Neuzulassungssektor bei fast allen Marken. Die statistischen Angaben des Kraftfahrt-Bundesamtes (KBA) belegen, dass – von wenigen Ausnahmen abgesehen – der CO_2-Ausstoß im Vergleich zu 2011 um 3 Prozent gesenkt wurde. Den größten Rückgang erzielte Porsche mit minus 17,6 g/km, den geringsten durchschnittlichen Jahreswert erreichte der Smart mit 96,9 g/km. Bekanntlich will die Europäische Union (EU) den Treibhausgas-Ausstoß bis 2020 um 20 Prozent senken. Und bekannt ist, dass die Hersteller bis 2015 durchschnittlich 130 Gramm CO_2-Ausstoß pro Kilometer bei Pkw-Neufahrzeugen erreichen müssen. Ab 2020 liegt er dann bei 95 g/km. Letzteres lässt sich nach Auffassung des VDA nicht nur dadurch erreichen, dass bisherige Antriebe so weiterentwickelt werden, dass sie noch effizienter arbeiten. „95 Gramm im Durchschnitt aller in der EU neu zugelassenen Pkw heißt, dass wir einen erheblichen Anteil dieser Autos mit alternativen Antrieben ausstatten müssen – oder wir bekommen in Europa das ‚Einheitsauto'. Unsere Industrie investiert Milliarden in alternative Antriebskonzepte", so die Position des VDA.

Ab 2014 gelten noch strengere Emissionsgrenzwerte für leichte Straßenkraftfahrzeuge (Euro 5 und 6). Demnach werden die Grenzwerte für Schadstoffemissionen (Abgasnormen) per Gesetz erheblich verschärft. Bereits seit dem 1. Januar 2011 gilt die Euro 5 für die Zulassung und den Verkauf von Neuwagen (Erstzulassung), die Euro 6 für Neuwagenzulassung kommt zum 1. Januar 2015. Diese Forderungen machen die Sauber-Technologie auch in Personenkraftwagen mit Dieselmotoren notwendig. Die supersaubere Technik gelingt auf dem Wege der selektiven katalytischen Reduktion (SCR) – ein chemisches Verfahren, das in sogenannten SCR-Katalysatoren abläuft. Dazu wird die weltweit geschützte Marke AdBlue® benötigt. AdBlue® ist ein Kunstname für chemisches Ammoniak, wird als Grundstoff aus Erdgas gewonnen und wandelt die umweltschädlichen Stickoxide (NO_x) in Wasserdampf und ungiftigen, harmlosen Stickstoff um bzw. neutralisiert sie. Nach dem Einsatz im Diesel-Lkw werden die SCR-Technik und der Betriebsstoff AdBlue® zunehmend in den Diesel-Pkws etabliert. Deren Fahrzeugtanks können bei der jährlichen Inspektion oder auch an den Tankstellen aufgefüllt werden, die AdBlue® aus der Zapfpistole anbieten.

So oder so muss – das ist bekannt – die Mobilität auch in zehn oder 20 Jahren flexibel, bezahlbar und nachhaltig sein. Vor dem Hintergrund weltweit wachsender Mobilität gehört es zu den Aufgaben der Automobilbranche, einerseits technisch maßgeschneiderte

Lösungen zu bieten und auf der anderen Seite Umweltressourcen und Klima zu schützen. „Nicht der Verzicht auf das Auto, sondern andere, energieeffizientere, saubere Fahrzeuge sind für uns die richtige Lösung", so VDA-Geschäftsführer Dr. Kay Lindemann im Sommer 2012. Und „der Weg weg vom Öl hin zu einer nachhaltigen Mobilität der Zukunft ist mehrspurig. Kurz- und mittelfristig arbeiten unsere Unternehmen an der Optimierung des Verbrennungsmotors, hier gibt es allein in diesem Jahrzehnt noch ein Effizienzpotenzial von rund 25 Prozent. Dazu kommen Bio-Kraftstoffe und der Einsatz alternativer Antriebe, die vom Hybrid- bis zum Elektroauto alle technischen Optionen umfassen", blickt Lindemann voraus. Dazu zählt zum Beispiel auch, dass in den kommenden zwei Jahren von deutschen Automobilherstellern 15 neue Elektroauto-Modelle auf den Markt gebracht werden sollen.

4.3 Automotive IT

Automobilhersteller und Zulieferer müssen mit der rasanten Entwicklung der Informationstechnologie Schritt halten. Für die einen ist dies eine Herausforderung, für andere eine Chance. Im Laufe der nächsten zehn Jahre, so die These von Lars Thomsen, Gründer der Forschungsagentur „future matters", werde die gesamte Branche stärkere Transformationen durchlaufen als in den vergangenen 50 Jahren.

Die Komplexität von hard- und softwaregestützten Informationstechniken in der Produktion und im Automobil werde demnach weiter schnell zunehmen. „Die Automobilbranche steht vor einem neuen Innovationssprung. Neue Mobilitätskonzepte, die Einbindung von Energieversorgern, Apps im Auto und neue Kundenanforderungen an Mobilität und Vernetzung fordern hohe Investitionen in IT, Infrastruktur und Entwicklung neuer, effizienter Lösungen. Die Vernetzung bietet der Automobilindustrie große Chancen. Das Auto der Zukunft wird vernetzt sein – mit dem Umfeld, der Verkehrsinfrastruktur und mit der Welt des Internets", betonte Dr. Ulrich Eichhorn, Geschäftsführer des Verbandes der Automobilindustrie (VDA), auf dem IAA-Kongress „carIT – Mobilität 3.0".

Der Einsatz moderner Technik und Technologien, um alle Prozesse zu steuern, wird für Unternehmen demnach zunehmend wichtiger. Dazu zählt beispielsweise, mittels Informationstechnologien alle Teile automatisch zu identifizieren. Barcodes werden durch zweidimensionale Codes, Radio Frequency Identification (RFID) und Klarschrifterkennung (OCR-Optical Character Recognition) ersetzt. Jede Identifizierungsmöglichkeit hat ihre Stärken, ihr Einsatz hängt unter anderem davon ab, wo die Teile eingebaut werden. Unternehmen, die ihre Identifikationssysteme automatisieren, produzieren individueller und effizienter, schaffen eine transparente Wertschöpfungskette und senken ihre Kosten.

Beispiel Volkswagen: Hinter IT verbergen sich im weltweit tätigen Unternehmen Volkswagen über 700 laufende Systeme, 150.000 Netzwerkanschlüsse für etwa 130.000 Personalcomputer und 70.000 Drucker. Darüber hinaus leisten zehn internationale Rechenzentren und der Enterprise Help Desk (Computer- und Technik-Support von VW) Dienst für den erfolgreichen Automobilbauer. Informationstechnologie sichert weltweit Produktionsprozesse und deren Technologien. Sie unterstützt Vertriebsprozesse mit innovativen Lösungen. Mit ihren Strukturen gelingt es, konzernweit deckungsgleiche Standards zu schaffen.

Die Informationstechnologie im Konzern Volkswagen ist in die Bereiche Steuerung, Projekte, Standards und Service gegliedert. So werden alle informationstechnologischen Konzernaktivitäten präzise gesteuert. Über 600 IT-Projekte begleiten die Entwicklung neuer und anzupassender Systeme. Stellvertretend sei die „Digitale Fabrik" genannt, die alle bedeutenden Werksabläufe der realen Welt simuliert. Dadurch können sie als Ganzes geplant, gesteuert und realisiert werden. Demgegenüber sorgen die IT-Standards für einheitliche Hard- und Software-Module, während sich die IT-Services um die Infrastruktur zwischen den Rechenzentren sorgen. Gerade in der Automobilindustrie kommt es insbesondere auf eine individuelle Steuerung im Fertigungsprozess an. Denn Kunden wollen sich ihr Wunsch-Automobil aus einer großen Zahl möglicher Komponenten zusammenstellen (lassen). [Quelle: Volkswagen]

Beispiel Siemens: Siemens IT Solutions and Service zum Beispiel versorgt die Automobilindustrie mit IT-Lösungen, unter anderem Consulting, Systemintegration sowie Infrastruktur-Management. IT in der Automobilindustrie beschleunigt etwa Design-Entwicklungen und verkürzt Markteinführungen. Sie steigert die qualitative und effiziente Fahrzeugfertigung und sorgt dafür, dass etwaige Änderungen in der Produktion schneller und leichter erfolgen können. Für Planungen der Automobilbauer bietet Siemens Softwarelösungen etwa für Design, Planung, Anlagenautomatisierung, Produktionsabläufe, Enterprise Resource Planning (ERP), Supply Chain Management (SCM), IT Consulting, Services, Application Management und IT Outsourcing.

Für Informatiker bedeutet dies, dass sie in der Automobilindustrie und/oder deren IT-Dienstleistern durchstarten können, um Fahrzeuge von morgen zunehmend mit innovativen (Informations-)Systemen auszustatten. Dazu zählen die bereits im Abschnitt „Fahrzeugsicherheit" beschriebenen Hilfen und Assistenten. Dazu zählt aber auch, solche Systeme zu entwickeln, die sowohl sicher funktionieren und als auch sicher (vor Dieben und Einbrechern) schützen. Wünschenswert und gefragt für den Einstieg als Diplom-Informatiker ist spezielles Expertenwissen auf höchstem und aktuellem Niveau. Das trifft insbesondere auf den Bereich Forschung und Entwicklung zu. Die Software-Entwickler sind es, die die Entwicklung neuer Technik und Technologien maßgeblich mitbestimmen. Gesucht und gefragt sind kreative Köpfe, die sich in steuerungsrelevante Prozesse oder informative Systeme, etwa die „car-to car"-Kommunikation, einbringen können.

Der wachsende, vor allem softwaregesteuerte Anteil von technischen und technologischen Systemen macht es erforderlich, dass IT-Spezialisten ein Stück weit auch Visionäre sind. Die zunehmende Komplexität von menügeführten Funktionalitäten im Automobil verlangt dem Autofahrer längst erhebliches, wenn nicht bereits zu viel Wissen ab, um alle Funktionen ohne Anleitung aufrufen und ausführen zu können. Daher müssen Informatik-Absolventen künftig auch daran tüfteln, die Bedienung der Systeme im Fahrzeug zu erleichtern. „Ziel muss die intuitive Bedienung für den Fahrer sein, er soll sich nicht mühsam durch verschiedene ‚Unter-Menüs' quälen müssen. Das Bediensystem sollte auf intelligente Art Vorauswahlen und automatisierte Sequenzen anbieten und so die persönlichen Präferenzen oder die jeweilige Nutzungssituation berücksichtigen", so VDA-Mann Dr. Ulrich Eichhorn während des IAA-Kongresses.

3.2 Elektroindustrie

Die Elektrotechnik- und Elektronikindustrie ist mit ihrem breiten Produktspektrum weltweit die größte Branche und erzielt zudem überdurchschnittliche Wachstumsraten. Dies gilt für die vergangenen Jahre und vieles spricht dafür, dass dies auch – von Konjunkturschwankungen abgesehen – so bleiben wird.

Die globale Nachfrage nach Erzeugnissen der Elektroindustrie wird maßgeblich durch die **Ausrüstungsinvestitionen** bestimmt. Da deren Elektrotechnik- bzw. Elektronikanteil steigt, nimmt der Elektromarkt stärker zu als andere Branchen. Zusätzlich treiben der immense technische Fortschritt, wachsende Märkte in Asien, Lateinamerika sowie Mittel- und Osteuropa und eine daraus resultierende zunehmende Wettbewerbsdynamik das Wachstum stark voran.

Weltweit wird die Entwicklung des Elektrotechnik- und Elektromarktes von der sogenannten Industrie-Elektronik (Bauelemente, Informations- und Kommunikationstechnik, Messtechnik und Prozessautomatisierung, KFZ-Elektronik, Medizintechnik) sowie der damit verbundenen Entwicklung von Software und Services bestimmt. Der Weltelektromarkt ist ein ausgesprochener „Triademarkt", von dem mehr als ein Drittel auf die USA, knapp 30 Prozent auf Asien und ebenso viel auf die EU entfallen. Deutschland ist nach China, den USA, Japan und Südkorea die Nummer 5 der Welt.

2012 sank der Umsatz gegenüber 2011 um 2 Prozent auf 175 Milliarden €. 2013 wird wieder ein Wachstum von eineinhalb Prozent erwartet.

Die Ausgaben für Forschung und Entwicklung sind überdurchschnittlich. 2012 flossen rekordverdächtige 13,5 Milliarden € – mehr als ein Fünftel aller F&E-Aufwendungen in Deutschland. Ein wichtiges Aufgabenfeld sieht die Branche auf dem Gebiet der Energieeffizienz. Schon heute bietet die Industrie nach Auffassung des ZVEI zahlreiche Lösungen für den Klimaschutz, um jährlich rund 40 Milliarden Kilowattstunden Strom einzusparen. Die Produkte seien zwar weitgehend auf dem Markt, allerdings fehle es an Akzeptanz.

Neben dem Einsatz hochinnovativer Technik sind gut ausgebildete Ingenieure in hinreichender Anzahl für mehr Wachstum und Beschäftigung notwendig. 2012 waren 176.000 Ingenieure beschäftigt. Laut ZVEI wirkt der anhaltende **Ingenieurmangel als Wachstumsbremse.**

Vor allem Elektroingenieure werden gesucht (33 Prozent). Danach kommen Maschinenbau-Ingenieure (20 Prozent), Wirtschaftsingenieure und Wirtschaftsinformatiker (12 Prozent) und andere Akademiker (35 Prozent). Einsatzfelder sind F&E (43 Prozent), Produktion (21 Prozent), Vertrieb (21 Prozent), produktbegleitende Dienstleistungen (13 Prozent) sowie Unternehmensleitung (2 Prozent).

Kennzahlen der deutschen Elektroindustrie 2012

Gesamtumsatz:	175 Milliarden €
Mitarbeiter:	848.000
Investitionen in F & E:	13,5 Milliarden €
Wachstumsträger:	Automatisierungsbranche, Energietechnik, Medizintechnik

Quelle: www.zwei.org, Stand Ende 2012

Ingenieure steigen in Unternehmen der Elektroindustrie direkt oder über ein Trainee-Programm ein. Im Schnitt verdienten Ingenieure, die neu in der Elektrotechnik-/Elektronikbranchen anfingen, 2012 42.000 € brutto im Jahr.

Beispiel Miele: Für Absolventen ingenieurwissenschaftlicher Fachrichtungen werden individuell auf den Bewerber zugeschnittene Einsteiger-Programme geboten. Talentierte Bachelorabsolventen werden in einem Jahr durch verschiedene Praxiseinsätze an eine Tätigkeit als Vertriebsbeauftragter herangeführt oder starten sofort mit einem Masterstudium, intensiv vom Unternehmen begleitet. Masterabsolventen durchlaufen ein individuelles Trainee-Programm mit Stationen im In- und Ausland sowie mit überfachlicher Ausbildung. Direkteinsteigern wird eine systematische und individuelle Einarbeitung geboten. Sie beginnen „on-the-job" und erhalten bereits an ihrem ersten Arbeitstag grundlegende Hinweise zum Unternehmen. Darüber hinaus finden gezielte Informationsveranstaltungen statt, in denen sie Wissenswertes über das Unternehmen, zum Personalwesen oder zu den Sozialleistungen erfahren und in denen sich unterschiedliche Fachbereiche mit ihren Aufgaben und Funktionen vorstellen. Die individuelle Einarbeitung in die Aufgabe der neuen Stelle ergibt sich aus den Anforderungen einerseits und dem jeweiligen Qualifikationsstand andererseits. Bei Bedarf wird ein individueller Einarbeitungsplan erstellt, der ein intensives Kennenlernen des neuen Fachbereichs und angrenzender Funktionen ermöglicht.

 Web-Link
Nähere Informationen finden Sie unter www.miele.de/de/jobs

Beispiel Siemens: Siemens ist ein international aufgestelltes Unternehmen mit rund 360.000 Mitarbeitern sowie Hunderttausenden von Lieferanten und Partnern in über 190 Ländern. Gesucht werden Absolventen aus den Bereichen Elektrotechnik, Informatik, Maschinenbau, Physik, Wirtschaftswissenschaften, Wirtschaftsingenieurwesen und Wirtschaftsinformatik.

Beim Direkteinstieg wird für jeden neuen Mitarbeiter ein individueller Plan mit ersten Aufgaben und organisierten Einarbeitungsmaßnahmen entwickelt. Tätigkeiten und Fortschritte werden regelmäßig mit dem persönlichen Betreuer (Patensystem) und der Führungskraft besprochen. Je nach Aufgabengebiet stehen Weiterbildungsmaßnahmen auf dem Programm, die sich eng an fachlichen, aber auch an allgemeinen Zielen wie Vortragstechniken oder Arbeitsmethoden orientieren. Das zweijährige Siemens Graduate Program (SGP) richtet sich an den Führungsnachwuchs. Es bereitet auf spätere Managementaufgaben – allgemeiner Art oder im technischen Bereich – vor und wurde für ambitionierte Berufseinsteiger mit Hochschulabschluss entwickelt. Es gliedert sich in drei Abschnitte von je acht Monaten, von denen einer im Ausland angesiedelt ist. In den jeweiligen Stationen wird an eigenen Aufgaben in mindestens zwei verschiedenen Tätigkeitsbereichen gearbeitet – zum Beispiel im Einkauf und der Entwicklung oder im Vertrieb und im Marketing. Der Schwerpunkt des Programms liegt bei den Arbeitseinsätzen.

 Web-Link
Nähere Informationen finden Sie unter www.siemens.de/jobs/seiten/home.aspx

3.3 Informationstechnologie und Telekommunikation (ITK)

Die ITK-Wirtschaft ist breit gefächert. Folgende Marktsegmente gehören dazu:

- Elektronische Bauelemente: Halbleiter, Leiterplatten, elektromechanische und passive Bauelemente
- IT-Hardware: Computer-Hardware und Bürotechnik
- Digitale Consumer Electronics: Flachbild- und Projektionsgeräte, DVD-Geräte, digitale Camcorder, MP3-Player und Ähnliches
- Software: System Infrastructure Software und Application Software
- IT-Services: Beratung, Implementierung, Operations Management, Support Services
- TK-Endgeräte: Telefonapparate, Mobiltelefone, Fax- und andere Endgeräte
- TK-Infrastruktur: Datenkommunikations- und Netzinfrastruktur wie LAN-Hardware, andere Datenkommunikations-Hardware wie Breitbandzugang, Modems, ISDN Terminal Adapter und anderes Equipment etwa für Call Center
- Festnetzdienste: Festnetztelefonie, Datendienste im Festnetz wie paketvermittelte Dienste, Internetzugang, Breitband-Dienste
- Mobilfunkdienste: Umsätze aus Diensten des Mobilfunknetzes wie Mobile Data Networks, Mobile Satellite Services, SMS, mobile Internet-Dienste
- Neue Medien: Interactive and Non-interactive Digital Online Media, Digital Offline Media, Digital Media Advertisement, Umsätze aus Digital Media und E-Diensten, Equipment und Software für Digital Media und E-Dienste

Im Jahr 2012 arbeiteten im gesamten ITK-Sektor rund 886.000 Menschen, rund 10.000 mehr als im Vorjahr. Der Großteil der Jobs existiert bei mittelständischen Software-Häusern und IT-Dienstleistern.

Nach wie vor wird also gut ausgebildetes Personal dringend gesucht. Die Beschäftigung in den einzelnen Bereichen der ITK verteilt sich wie folgt:

Marktzahlen der ITK-Branche 2012

ITK-Markt	Marktvolumen (in Milliarden €)	Wachstum zu 2011 (in Prozent)
Gesamt (ITK und Consumer Electronics)	152,0	2,8
davon Consumer Electronics	12,9	2,3
Summe ITK	139,1	2,8
davon Informationstechnik	72,8	2,3
– IT-Hardware	20,9	1,1
– Software	16,9	4,4
– IT-Services	34,9	2,1
Telekommunikation	66,4	3,4
– TK-Endgeräte	9,2	29,7
– TK-Infrastruktur	6,0	1,6
– TK-Dienste	51,2	–0,1

Quelle: BITKOM

Im Jahr 2012 erzielte die ITK-Branche in Deutschland Umsätze in Höhe von knapp 152 Milliarden €. Damit gehört sie zu den tragenden Säulen der Wirtschaft. Auch Ingenieure und Informatiker werden wieder vermehrt gesucht.

Der Fachkräftemangel der vergangenen Jahre führte bereits zu volkswirtschaftlichen Schäden in Milliardenhöhe. Ein Viertel der IT-Unternehmen mit offenen Stellen musste Aufträge ablehnen, weil keine geeigneten Mitarbeiter verfügbar waren. Daher fordert BITKOM, den naturwissenschaftlich-technischen Unterricht an den Schulen zu stärken und Informatik als Pflichtfach in der Sekundarstufe I zu etablieren. Außerdem wird eine Erleichterung für Zuwanderer gefordert. 40 Prozent der Unternehmen würden ausländische Spezialisten einstellen.

2013 wollen 57 Prozent der Firmen neue Stellen schaffen. Besonders Software-Häuser und IT-Dienstleister suchen neue Mitarbeiter. Fast drei Viertel der Firmen gehen 2013 von Umsatzsteigerungen aus, ist im *Branchenbarometer* vom Dezember 2012 des Branchenverbandes BITKOM zu lesen.

2012 stieg die Zahl der Studienanfänger im Fach Informatik um knapp 1 Prozent auf fast 51.000. Davon wird nach der aktuellen Abbrecherquote voraussichtlich weniger als die Hälfte einen Abschluss in diesem Fach erreichen. In der weit fortgeschrittenen Umstellung der Abschlüsse auf Bachelor und Master sehen viele jedoch eine Chance, die Studiengänge zu modernisieren und die Studienzeiten zu verkürzen. Notwendig sei dabei weniger theoretisches Wissen als vielmehr Praxisbezug und die Vermittlung von branchenspezifischem IT-Know-how. Die Studierenden sollten zudem die Möglichkeit haben, persönliche Fertigkeiten wie Kommunikationsfähigkeit und Fremdsprachen gezielt zu entwickeln.

Special Maschinen- und Anlagenbau

1. Der Arbeitsmarkt für Ingenieure

Über 165.000 Ingenieure aller Fachrichtungen und Informatiker sind im Bereich Maschinen- und Anlagenbau nach VDMA-Angaben tätig. Der Anteil der Ingenieure an allen Beschäftigten der Branche steigt ständig. Gegenwärtig sind es 16,1 Prozent. Damit ist der Maschinen- und Anlagenbau der wichtigste Arbeitgeber für Ingenieure überhaupt. Und der Bedarf wächst weiter. Die Innovationsbranche Maschinenbau kann ihre internationale Wettbewerbsfähigkeit nur erhalten, wenn der Nachwuchs an exzellent ausgebildeten Ingenieuren auch in der Zukunft gesichert ist.

Besonders hoch ist der Ingenieur-Anteil in nicht produzierenden Unternehmen (35,3 Prozent), während er in Unternehmen mit Serienfertigung geringer ausfällt. Nach vorsichtigen Schätzungen wird der Bedarf mittelfristig pro Jahr bei 5.000 bis 6.000 Ingenieuren und Informatikern verschiedener Richtung liegen.

Was machen Ingenieure im Maschinenbau?

Ingenieure
- entwickeln neue Technologien oder bestehende weiter,
- konstruieren Maschinen und Systeme,
- organisieren Produktion und Projekte,
- verkaufen und verhandeln,
- beraten und schulen Kunden,
- sind selbst aktive Unternehmer.

Weitere wichtige Arbeitgeber für Maschinenbauingenieure sind insbesondere der Fahrzeugbau und andere Branchen des produzierenden Gewerbes, aber auch Ingenieurbüros.

So verteilten sich 2010 die 167.500 Ingenieure im Maschinenbau

Tätigkeitsbereich	Anzahl
Unternehmensleitung/Stabsstellen	7.400
Forschung, Entwicklung, Konstruktion	74.500
Produktion und Hilfsbetriebe	16.200
Vertrieb	26.500
Außenmontage, Inbetriebnahme	5.800
Dienstleistungen	13.700
Allgemeine Verwaltung	7.900
Andere Bereiche	15.500

Quelle: VDMA-Ingenieurbefragung 2010

Laut VDMA bleiben Forschung, Entwicklung und Konstruktion die Hauptaufgaben von Ingenieuren im Maschinen- und Anlagenbau: Mit 44 Prozent sind hier fast die Hälfte der Ingenieure in diesen Bereichen tätig. 16 Prozent sind vorrangig mit Vertriebsaufgaben befasst. Hochgerechnet sind in diesen beiden Kernbereichen gut 74.500 bzw. 26.500 Arbeitnehmer beschäftigt.

Die Arbeitslosigkeit unter Maschinen- und Fahrzeugbauingenieuren ist mit Ausnahme des Jahres 2009 dramatisch gesunken. Standen noch 1996 rund 141.000 beschäftigten mehr als 25.000 arbeitslose Ingenieure gegenüber, war 2011 das Verhältnis 150.300 zu 3.280.

Im Dezember 2012 waren insgesamt 71.900 offene Stellen in Ingenieurberufen zu besetzen. Damit ist im Vergleich zum Vormonat ein Rückgang um 4.700 Stellen (6,1 Prozent) zu verzeichnen. In mehr als der Hälfte der Fälle wurden Bewerber mit den Schwerpunkten Maschinen- und Fahrzeugtechnik (21.700) und Energie- und Elektrotechnik (16.600) gesucht. Dem gegenüber standen 24.115 Arbeitslose in Ingenieurberufen. Am häufigsten waren bei ihnen die Schwerpunkte Bau, Vermessung, Gebäudetechnik und Architektur (7.875) sowie Technische Forschung und Produktionssteuerung (6.567). Im Schnitt aller Ingenieurberufe kamen im Dezember 2012 auf einen Arbeitslosen 3,0 offene Stellen. Dabei lag die Zahl der offenen Stellen in fast allen Ingenieurberufen weiterhin deutlich höher als die Arbeitslosenzahl. Ein besonders großer Engpass herrschte mit 6,6 offenen Stellen je Arbeitslosen bei Ingenieurberufen mit Schwerpunkt Maschinen- und Fahrzeugtechnik.

Das **ideale Bewerberprofil** ist vielschichtig angelegt. Fachliche Kernkompetenzen müssen kombiniert sein mit außerfachlichem Wissen. Der Blick über den Tellerrand zu Nachbardisziplinen ist eine wichtige Fähigkeit, ohne die ein Bewerber im Arbeitsalltag heute nicht mehr erfolgreich sein kann. Einen Stolperstein legten Bewerber sich selbst in den Weg, wenn sie zu hohe Gehaltserwartungen hatten oder wenn sie umzugsscheu waren.

Ingenieurfachrichtungen im Maschinenbau

▪ Maschinenbau:	48 Prozent
▪ Elektrotechnik:	20 Prozent
▪ andere Fachrichtungen (wie Mechatronik u. a.):	13 Prozent
▪ Verfahrenstechnik:	8 Prozent
▪ Wirtschaftsingenieurwesen:	7 Prozent
▪ Informatik:	4 Prozent

Quelle: VDMA-Ingenieurerhebung 2010

Folgende **Hard Skills** waren besonders gefragt:
- Entwicklungs- und Konstruktionskenntnisse,
- CAD, CAM- und CAE-Kenntnisse,
- Fahrzeugbau und Antriebstechnik,
- Fahrzeug-, Mess-, Vakuum- und Lasertechnik,
- Luft- und Raumfahrttechnik, Flugzeugbau,
- Maschinentechnik, Anlagenbau und Fertigungstechnik,
- Hydraulik,
- Arbeitsvorbereitung,
- Fertigungs- und Investitionsplanung,
- Projektmanagement,
- Qualitätssicherung,
- Elektronikkenntnisse.

Branchenkenntnisse und Berufserfahrung helfen den Bewerbern, ein positives Bild im Auswahlverfahren zu hinterlassen. Fremdsprachenkenntnisse, vor allem **Englisch**, sind fast immer gern gesehen. Vielfach setzten die Arbeitgeber bei ihren zukünftigen Mitarbeitern auch eine extensive Reisebereitschaft voraus. Für Führungsaufgaben waren Management-erfahrung und Kenntnisse des Arbeitsrechts wünschenswert.

In fast allen Stellenangeboten zeigte sich die hohe Bedeutung der außerfachlichen Kompe-tenzen. **Teamfähigkeit** stand ganz oben auf der Wunschliste, gefolgt von **Flexibilität**. Der zukünftige Mitarbeiter sollte verantwortungsbewusst sein und über eine große Organisa-tionsfähigkeit verfügen. Auch Kontaktfähigkeit nannten die Arbeitgeber oft als Eigenschaft, die ein Kandidat erfüllen sollte. Schließlich sollte der Wunschkandidat seine Kollegen, Mit-arbeiter und Vorgesetzten argumentativ überzeugen können und zielstrebig vorgehen.

2. Arbeitgeber und Einstiegsmöglichkeiten

Der Maschinenbau ist nicht nur die Industriebranche mit den meisten Beschäftigten, son-dern auch einer der wichtigsten Arbeitgeber, insbesondere für Maschinenbauingenieure. Die Vielseitigkeit des Arbeitsgebiets und die internationale Ausrichtung der Unternehmen garantieren ein abwechslungsreiches und spannendes Berufsleben.

Maschinenbauingenieure sind begehrt. Ein Problem dabei sind die hohen Studien-abbrecher-Zahlen. Im Studienfach Maschinenbau brechen an Fachhochschulen 32 Pro-zent, an Universitäten sogar 53 Prozent der Studierenden ab. Daher fordert der VDMA, besonders den Studienbeginn – hier streichen besonders viele die Segel – so zu gestal-ten, dass ihn möglichst viele junge Menschen bewältigen.

Wer indes einen guten Abschluss hinbekommt, hat auf dem Arbeitsmarkt gute Karten. Schon jetzt können fast 22.000 Stellen für Ingenieure der Fachrichtung Fahrzeug- und Maschinenbau nicht besetzt werden, Tendenz steigend.

Viele Arbeitgeber haben daher die Personalrekrutierung an **Personalvermittler** delegiert oder greifen bei höheren Auftragskapazitäten auf Mitarbeiter von **Zeitarbeitsfirmen** zurück. Hier ist auch unter Ingenieuren sowohl bei Arbeitgebern als auch Arbeitnehmern die Akzeptanz in den letzten Jahren gewachsen. In der Vergangenheit wurde häufig berichtet, dass Absolventen große Unternehmen bevorzugen und kleinere Unternehmen es oft schwer haben, geeigneten Ingenieurnachwuchs zu finden. Das stimmt nicht mehr unbedingt. Denn kleinere und mittlere Unternehmen bieten oft noch vielfältigere Einsatzmöglichkeiten und schnellere Aufstiegschancen.

Die Karrierestationen führen über einen Direkteinstieg oder ein Trainee-Programm hin zu größeren Projekten mit mehr Verantwortung. Dabei fördern viele Firmen die Entwicklung ihrer Mitarbeiter in verschiedenen Tätigkeitsfeldern. Wer also beispielsweise in der Entwicklung beginnt, kann nach einigen Jahren auch in den Konstruktionsbereich oder in den Vertrieb wechseln.

Beispiel KSB Aktiengesellschaft Frankenthal: Der KSB Konzern zählt mit einem Umsatz von gut 2 Milliarden € in 2012 zu den führenden Anbietern von Pumpen, Armaturen und zugehörigen Systemen. Weltweit 15.600 Mitarbeiter sind für Kunden in der Gebäudetechnik, in der Industrie und Wasserwirtschaft, im Energiesektor und im Bergbau tätig. KSB erbringt in wachsendem Umfang Serviceleistungen und erstellt komplette hydraulische Systeme zum Transport von Wasser und Abwasser.

Ein internationales Trainee-Programm bildet die Manager von morgen heran. Die Trainees arbeiten 18 Monate an ausgewählten Projekten mit, sechs davon im Ausland. Dabei lernen sie verschiedene Unternehmensbereiche und Tätigkeiten kennen. Bewerber sollten folgende Qualifikation mitbringen:

- sehr guter Abschluss in BWL, Wirtschaftsingenieurwesen oder als Ingenieur für Maschinenbau bzw. Verfahrenstechnik
- fließend Englisch, gute Kenntnisse in zweiter Fremdsprache
- Auslandsaufenthalte während des Studiums (Praktika, Auslandssemester)
- weltweite Mobilität
- soziale und interkulturelle Kompetenz
- hohes Engagement und Veränderungswille
- Lernbereitschaft
- analytisches Denken in komplexen Zusammenhängen

Über die gesamte Laufzeit des Programms wird der Trainee von seiner Fachabteilung betreut, zusätzlich steht ein Mitarbeiter des Personalwesens als Pate zur Verfügung. Gezielte Weiterbildungsangebote dienen der Verbesserung der fachlichen und methodischen Kompetenzen, regelmäßige Treffen aller Trainees mit Mitgliedern des Vorstands und Top-Führungskräften sorgen für Hintergrundwissen und die Gelegenheit, schon frühzeitig wichtige Kontakte aufzubauen.

Ebenfalls interessant ist das Trainee-Programm Vertrieb. Innerhalb von zwölf Monaten werden hier künftige Verkäufer ausgebildet, und zwar ausdrücklich der Studienrichtungen

Maschinenbau, Verfahrenstechnik, Elektro-, Energie-, Versorgungstechnik oder Wirtschaftsingenieurwesen. Auch hier werden fließendes Englisch und eine zweite Fremdsprache erwartet. Daneben sind diplomatisches Geschick, Zielstrebigkeit, Kontaktfreude und soziale Kompetenz wünschenswert.

Auch als Direkteinsteiger werden Absolventen eine umfassende Einarbeitung und Seminare angeboten. Möglich sind alle Karrierewege – Fachlaufbahn, Projektlaufbahn oder Management.

KONTAKT

Informationen sind unter der Telefonnummer 06233-863250 zu bekommen.

Beispiel Festo AG aus Esslingen: Dieser Hersteller pneumatischer und elektrischer Automatisierungstechnik beschäftigt weltweit ca. 15.500 Mitarbeiter und erzielte 2012 einen Umsatz von 2,1 Milliarden €.

Gesucht werden Absolventen folgender Studienrichtungen: Automatisierungstechnik, Mechatronik, Elektro- und Feinwerktechnik, Maschinenbau, Verfahrenstechnik, Wirtschaftsingenieurwesen, Informatik und Wirtschaftsinformatik.

Ein zweijähriges, individuell zugeschnittenes Trainee-Programm vermittelt die nötige Praxis vor dem endgültigen Berufsstart. Die Trainees durchlaufen alle Abteilungen, die für die spätere Tätigkeit relevant sind, werden in Projekte integriert, lernen die gesamte Produktpalette kennen und besuchen vielfältige Weiterbildungs- und Informationsveranstaltungen. Ziel ist der Aufbau eines persönlichen Netzwerkes, auch im Ausland. Für den Start gibt es keine festen Termine.

Web-Link

Eine Bewerbung ist jederzeit möglich unter www.festo.com

Beispiel Heidelberger Druckmaschinen AG: Das Unternehmen ist im Bogenoffsetdruck einer der international führenden Lösungsanbieter für gewerbliche und industrielle Anwender in der Printmedien-Industrie. Im Geschäftsjahr 2009/2010 erreichte Heidelberg einen Umsatz von 2,3 Milliarden €, bezogen auf die Bereiche Press, Postpress und Financial Services. Im Jahr 2012 beschäftigte der Konzern weltweit knapp 15.500 Mitarbeiter. Mit dem Heidelberg Young Talent Club wird ausgewählten, hoch qualifizierten Studenten und Absolventen die Möglichkeit gegeben, ihre Abschlussarbeit bei Heidelberg zu schreiben. Zudem gibt es das Heidelberg Development Programm, ein achtzehnmonatiges Entwicklungsprogramm, in das der Einstieg jederzeit möglich ist.

Teilnehmer werden in verschiedene, jeweils drei Monate dauernde Projekte eingebunden, bekommen einen Top-Manager als Mentor zur Seite, werden in festen Gruppen gecoacht und nehmen an externen Weiterbildungen teil.

 Web-Link

Nähere Informationen finden Sie unter www.heidelberg.com

3.4 Energiewirtschaft

Die Energiewirtschaft ist eine weitgefächerte Branche und reicht von der Mineralölindustrie (Raffinerien, Tankstellen), über die Gaswirtschaft (Gasversorgung), Kohleindustrie, Strom- und Kraftwerkswirtschaft bis hin zur Regenerativen Energiewirtschaft. Die Branche bietet zahlreiche Karrieremöglichkeiten vor allem für Naturwissenschaftler und Ingenieure verschiedener Fachrichtungen, wie beispielsweise

- Architektur,
- Biologie,
- Chemie,
- Mathematik,
- Physik,
- Geologie,
- Geophysik,
- Informatik,
- Bauingenieure,
- Chemieingenieure,
- Ingenieure im Bereich Petrochemie,
- Maschinenbau,
- Mechatronik,
- Bergbau,
- Verfahrenstechnik,
- Versorgungstechnik und
- Wirtschaftsingenieurwesen.

Die Energiewirtschaft stellt ein breites Spektrum an Einstiegsmöglichkeiten zur Verfügung. Ingenieure der verschiedensten Fachrichtungen arbeiten in der Forschung und Entwicklung, planen Projekte und beaufsichtigen deren Ausführung. Sie können in den Planungsbüros, den Zulieferindustrien sowie im Wartungs- und Servicesektor der Energiesektoren Erdgas, Erdöl, Kernkraft, Kohle, Mineralöl, Regenerative Energien und Strom den richtigen Einstieg finden.

Erdöl- und Erdgasbranche: Die Exploration und Förderung von Erdöl und Erdgas (Onshore und Offshore) gehören zu den Kernkompetenzen dieser Branche. Eingesetzt wird sehr spezielle und komplexe Technik. Die Einsatzgebiete sind im Inland (Gasförderung) und im Ausland (Öl- und Gasförderung). Gesucht werden vor allem Wirtschaftswissenschaftler, Geowissenschaftler, Ingenieure und Informatiker.

Gasbranche (Verteilung): Die Erdgasbranche beschäftigt sich im Kernbereich mit der Gasversorgung. Durch Verträge mit in- und ausländischen Erdgasproduzenten wird die Versorgung von Industriekunden und Kraftwerken sowie weiterverteilenden Gasgesellschaften sichergestellt. Gesucht werden Wirtschaftswissenschaftler, Juristen, Wirtschaftsingenieure, Ingenieure (unter anderem Versorgungstechnik), Naturwissenschaftler und Informatiker.

Kernkraft: Die Kernenergiebranche ist im Wesentlichen gekennzeichnet durch den Betrieb von Kraftwerken. Im Zuge des Atomausstiegs, wie er von der Bundesregierung im Jahr 2011 beschlossen wurde, nimmt die Bedeutung der Kernenergie schrittweise ab.

Kohlebranche: Die Kohlebranche beschäftigt sich im Wesentlichen mit dem nationalen und internationalen Abbau des Rohstoffs Kohle, der Kohleverarbeitung, dem Kohlehandel und der Bergbau-Zulieferindustrie. Gesucht werden in erster Linie Ingenieure für Bergbautechnik, Wirtschaftswissenschaftler, Chemiker und Physiker.

Mineralölbranche: Die Mineralölbranche beschäftigt sich in ihrem Kernbereich mit der Produktion und dem Vertrieb von Mineralölprodukten. Forschungsaktivitäten erfolgen vor allem im Bereich neuer Kraftstoffe und Mineralöle. Der Betrieb und die Unterhaltung von Tankstellen, die Lieferung von Heizöl sowie die Herstellung von Heiz- und Schmierstoffen zählen ebenfalls dazu. Weitere Bereiche sind beispielsweise Dienstleistungen rund um den Tankstellenbetrieb. Gesucht werden Betriebswirte, Informatiker, Wirtschaftsingenieure und Chemiker.

Regenerative Energien: Die Regenerative Energiewirtschaft ist unter anderem gekennzeichnet durch den Bau und die Entwicklung von Anlagen für Erneuerbare Energien wie Windenergie, Wasserkraft, Bioenergie, Solarenergie und Geoenergie. Das Spektrum erstreckt sich vom Anlagenbau (Herstellung von Windkraftanlagen oder Biomassekraftwerken) über die Anlagenwartung (Servicedienstleistungen) bis zur Planung und Projektierung bzw. Beratung. Ingenieure unterschiedlichster Fachrichtungen, Naturwissenschaftler und Wirtschaftswissenschaftler haben hier gute Chancen (siehe „Zukunftsmarkt Erneuerbare Energien").

Strombranche: Kerngeschäft der Strombranche ist die Erzeugung von Strom in Kraftwerken sowie die Verteilung. Die Energieversorgungsunternehmen (zum Beispiel die Stadtwerke) versorgen die Endverbraucher mit elektrischer Energie. Der Ausbau und die Instandhaltung des Stromnetzes sowie die Wartung und der Betrieb der Kraftwerke sind grundlegende Bereiche. Gesucht werden Elektro-, Bau-, Versorgungsingenieure, Wirtschaftswissenschaftler, Volkswirte, Betriebswirte, Wirtschaftsingenieure und Juristen.

Die Energiewirtschaft meldete 2011 unterschiedliche Ergebnisse. So lag die inländische Erdöl- und Erdgasproduktion bei Erdöl mit gut 7 Millionen Tonen, bei Erdgas mit knapp 27 Milliarden Kubikmetern deutlich unter dem Vorjahresniveau. Dies teilte der Wirtschaftsverband Erdöl- und Erdgasgewinnung (WEG) mit. Neben einem Nachfragerückgang ist daran vor allem die schwierige Erschließung neuer Felder schuld.

Die Zahl der Arbeitsplätze in der deutschen Erdöl- und Erdgas-Industrie ist dennoch in den letzten Jahren angestiegen. Gut 9.000 zumeist hoch qualifizierte Mitarbeiter sind derzeit mit der Suche nach und der Förderung von Erdgas und Erdöl beschäftigt.

Die Stromerzeugung betrug in Deutschland im Jahr 2012 574 Milliarden Kilowattstunden, berichtet der Bundesverband der Energie- und Wasserwirtschaft (BDEW). Dabei sichert ein vielfältiger Energiemix eine hohe Versorgungsqualität (siehe Tabelle). Die Braunkohle stellt mit 24 Prozent nahezu den gleichen Anteil an der Produktion wie die Erneuerbaren Energien (21 Prozent).

In Deutschland gibt es derzeit gut 950 Stromversorgungsunternehmen, darunter mehr als 700 kleine und mittlere Stadtwerke. Dank der Liberalisierung des Strommarktes steigt die Anzahl ausländischer Anbieter. In keinem anderen Land Europas sind so viele Stromanbieter tätig wie in Deutschland. Die Strombranche beschäftigt rund 121.000 Mitarbeiter, Zulieferbetriebe und mittelbar mit ihr zusammenhängende Unternehmen nicht mitgerechnet.

Anteile der Energieträger an der Stromproduktion 2012

Braunkohle:	24 Prozent
Regenerative Energien:	21 Prozent
Kernenergie:	18 Prozent
Steinkohle:	18 Prozent
Erdgas:	14 Prozent
Heizöl, Pumpspeicher und sonstige:	5 Prozent

Quelle: BDEW

Die vier größten Unternehmen beherrschen etwa 80 Prozent des Umsatzes des deutschen Strommarktes:

1. E.ON
2. RWE
3. EnBW
4. Vattenfall Europe

Die größten Ökostrom-Anbieter, die Elektroenergie vorwiegend aus erneuerbaren Energiequellen herstellen, sind

- LichtBlick
- Greenpeace energy
- Elektrizitätswerke Schönau
- Naturstrom

Der Wettbewerb verändert sich. Vor allem, seit die Energiewende beschlossen wurde, spielt der **Umweltschutz** in energiepolitischen Konzepten eine immer größere Rolle. Das heißt, Forschung und Entwicklung gehen immer mehr in Richtung einer nachhaltigen Energieversorgung.

Beispiel Intelligente Netze: Das Förderprogramm „E-Energy – Smart Energy made in Germany" – ein gemeinsames Programm von Bundeswirtschaftsministerium und Bundesumweltministerium – zielte darauf ab, die Elektrizitätsversorgung in Deutschland durch Informations- und Kommunikationstechnologien systematisch zu optimieren und für einen hohen Anteil Erneuerbarer Energien auszulegen. Dafür haben in den vergangen vier Jahren IKT- und Energie-Spezialisten, Markt- und Technologie-Experten sowie Wissenschaftler in sechs ausgewählten Modellregionen disziplin- und branchenübergreifend IKT-Konzepte entwickelt und erprobt, die die Elektrizitätsversorgung von Erzeugung über Transport und Verteilung bis hin zum Verbrauch optimieren. Die Ergebnisse zeigen, dass sich der Energieverbrauch privater Haushalte mit Hilfe intelligenter Energiesysteme und entsprechender Anreizmechanismen um bis zu 10 Prozent reduzieren lässt. Bei Gewerbebetrieben sind sogar noch höhere Einsparpotenziale möglich.

Ingenieure steigen in die Energiewirtschaft mit einem durchschnittlichen Bruttogehalt von 44.000 € ein und liegen damit vorn.

Beispiel E.ON: Mit über 110 Milliarden € Umsatz und knapp 80.000 Mitarbeitern (2011) ist E.ON nach eigenen Worten einer der weltweit größten Energiedienstleister. E.ON ist an Spezialisten interessiert, die ausgeprägte Schwerpunkte in relevanten Studienbereichen haben. Dazu zählen vor allem Ingenieure für Elektrotechnik, Energietechnik, Maschinenbau und Verfahrenstechnik sowie Wirtschaftsingenieure. Auch wer direkt einsteigt, profitiert von einem individuellen Entwicklungsprogramm, das gezielte Weiterbildung und Auslandserfahrungen beinhaltet. Das E.ON Graduate Program bereitet Absolventen auf eine internationale Tätigkeit im E.ON-Konzern vor. Im Rahmen des 18-monatigen Programms absolviert jeder Trainee vier Stationen in verschiedenen Fachbereichen und Konzerngesellschaften – eine Station davon im Ausland. Die Festlegung der Stationen erfolgt individuell für jeden Teilnehmer unter Berücksichtigung der Kenntnisse und Interessen.

Anforderungsprofil des E.ON Graduate Programs:

- zügig abgeschlossenes Hochschulstudium mit sehr gutem Abschluss mit einem der folgenden Schwerpunkte:
  - Betriebs-/Volkswirtschaft (Energiewirtschaft, Finanzen, Rechnungswesen, Steuern, Controlling, Unternehmensentwicklung, Personal/Organisation)
  - Wirtschaftsingenieurwissenschaften/Ingenieurwissenschaften (Elektrotechnik, Energietechnik, Maschinenbau, Verfahrenstechnik)
  - Rechtswissenschaften
- idealerweise Fachpraktika und Auslandserfahrung
- verhandlungssichere Deutsch- und Englischkenntnisse
- hohe Flexibilität und internationale Mobilität
- ausgeprägte Eigeninitiative und Teamgeist
- außeruniversitäres Engagement

 Web-Link
Nähere Informationen finden Sie unter www.eon.com/de/karriere/studenten-und-absolventen.html

Special GreenTech

1. GreenTech für Ingenieure

Schon heute gibt es in Deutschland mehr als 1,8 Millionen grüne Jobs. Das zeigt das enorme Potenzial, das in diesen Technologien steckt. Die große Branche Umwelttechnik kann jedoch nur weiter wachsen, wenn bestens ausgebildete und engagierte Ingenieure und auch Naturwissenschaftler hoch intelligente Ergebnisse aus ihren Forschungen präsentieren. Das erfordert Bildung für nachhaltige Entwicklung. Unternehmen der Industrie, die heute nicht grün und nachhaltig denken, verlieren morgen womöglich den Anschluss. Das gilt insbesondere für junge Ingenieure und die, die es werden wollen.

Ingenieure, die sich in grüne Technologien einbringen, eröffnet sich ein ausgesprochen breites Betätigungsfeld. Wie bedeutsam zum Beispiel Ressourceneffizienz und somit die Steigerung der Rohstoffproduktivität ist, zeigen die folgenden schlagwortartig formulierten Einschätzungen aus einer der ressourcenintensivsten Branche, dem Bauwesen.

- 85 Prozent der in Deutschland abgebauten Rohstoffe werden für Gebäude und Infrastruktur verwendet.
- Für die Umsetzung von Ressourceneffizienz im Bauwesen ist es von Interesse, welche Ressourceninanspruchnahme mit den jeweiligen Materialien verbunden ist.
- Die Zementherstellung ist für mehr CO_2-Ausstoß verantwortlich als der weltweite Luftverkehr.
- Die Entsorgungssituation von Beton muss durch ein qualitativ hochwertiges Recycling verbessert werden.
- Der Einsatz von höherfesten Güten bei Stahlbeton und Stahl sowie der Leichtbau bieten große Effizienzpotenziale.
- Ziel ist eine Verdopplung der Rohstoffproduktivität bis 2020 bezogen auf 1994.
- 2008 wurden 3,8 Hektar pro Tag für den Abbau mineralischer Baustoffe beansprucht.
- 2020 könnten 11 Millionen Tonnen Primärgestein durch Recyclinggesteinskörnung substituiert werden.
- 35–45 Vol. Prozent der Gesteinskörnungen können durch Recycling-Material ersetzt werden.

(Quelle: VDI ZRE Publikationen: Kurzanalyse Nr. 2)

Die Zeiten haben sich geändert und in den letzten Jahren besonders schnell. So ist „das Bild des Ingenieurs als Tüftler und Bastler überholt. Heute sind Ingenieurinnen und Ingenieure Teil der Lösung für ein zunehmendes, globales Problem – der zukünftigen Sicherung der Verfügbarkeit von Ressourcen. Mit Hilfe der Ingenieurinnen und Ingenieure und ihrer technisch-wissenschaftlichen Ausbildung liegt die Zukunft des Ressourcensicherung nicht nur in der reinen Sicherung des Zugangs, sondern auch und vor allem in der Nutzung technischer Möglichkeiten, um den effizienten Einsatz der verfügbaren Ressourcen, die Nutzung wiederverwertbarer Reste (Recycling) und letztlich auch die Substitution durch gegebenenfalls besser verfügbare Stoffe zu etablieren – in viel stärkerem Umfang, als das heute bereits der Fall ist", beschreibt Sascha Hermann, Geschäftsführer VDI Zentrum Ressourceneffizienz in einem im März 2011 veröffentlichten Fachbericht. Darin heißt es weiter: „Dabei sollten die Unternehmen genauso wenig wie die Ingenieurinnen und Ingenieure darauf warten, dass die Aufgabe von außen an sie herangetragen wird – Vorsprung gewinnt man durch frühzeitiges und intrinsisch motiviertes Beschreiten neuer Wege. Die hohe Affinität des Berufsstandes zur stetigen Verbesserung von Produkten und Verfahren ist die beste Voraussetzung dazu. Erneuerbare Energien und Energieeffizienz haben bereits gezeigt, welche Potenziale – auch für den Arbeitsmarkt – bestehen, wenn Konzepte ‚vor'gedacht werden. Für die Ressourceneffizienz gilt das sogar in höherem Maße, weil die verbundenen Kostenpositionen bereits bestehen und nicht erst neue Märkte entwickelt werden müssen. Für die voll ausgebildeten und etablierten Ingenieurinnen und Ingenieure taucht das Thema im Verlauf ihrer Tätigkeit fast zwangsläufig auf: durch Änderung von gesetzlichen Randbedingungen oder Anforderungen des Wettbewerbs. Von Vorteil wäre es hier, wenn das Bewusstsein für Ressourceneffizienz mit der Kenntnis ihrer Auswirkungen bereits in der Ausbildung geschaffen würde. Wohlgemerkt, es geht um die Einbindung in die bestehenden Ausbildungsgänge, nicht um eine neue Spezialisierung oder gar (wieder) einen neuen Abschluss! Ein spezialisierter ‚Ressourcen-Effizienzingenieur' könnte es gar nicht leisten, den Anforderungen der Realität gerecht zu werden. Die Einsatzfelder der Ressourceneffizienz sind dazu viel zu vielfältig – von der Prozessoptimierung über Materialauswahl und Logistik bis hin zur Motivation und Weiterbildung von Mitarbeitern im Prozess. Ingenieurinnen und Ingenieure aller wesentlichen Fachrichtungen sollten dagegen das notwendige Basiswissen mitbringen, um die Anforderungen in ihren Arbeitsbereichen unter den Aspekten der Ressourceneffizienz zu werten und auszuarbeiten. Durch Einbindung in das Studium wird der Erfahrungsaustausch zwischen Forschung und Wirtschaft verbessert, damit sich technische Neuerungen und Ressourceneffizienzkonzepte schneller durchsetzen. So können zukünftige Herausforderungen, die der Markt und die globale Situation an die deutsche Wirtschaft stellen werden, frühzeitig zur Erlangung von Wettbewerbsvorteilen genutzt werden, statt durch zögerliche Herangehensweise zum Problem zu werden."

Die Herausforderungen sind also groß. Nicht nur deswegen blicken Ingenieure in eine überaus spannende berufliche Zukunft. Einige aktuelle Beispiele sollen dies belegen.

- Mit der Markteinführung des BMW i3 Ende 2013 werden Carbonfaserverbundwerkstoffe erstmals auf breiter Basis im Automobilbau verwendet. Nicolai Müller von der Unternehmensberatung McKinsey betonte auf dem Automotive Forum 2012 des Carbon Composites: Selbst im einstelligen Prozentbereich könne das Material zu Verbesserungen im Leichtbau und zu Gewinnen für die Hersteller bzw. Nutzer von Carbon Composites führen.

- Die Herstellung großvolumiger Formteile aus Kunststoff kann ressourceneffizienter gestaltet werden, indem bei der Herstellung der Formen angesetzt wird und die Fertigungskosten durch neu platzierte Heiz- und Kühlkanäle gesenkt werden. Bei Massivformen aus Stahl oder Aluminium muss meist aus dem Vollen gearbeitet werden, was mit einem entsprechenden Ressourcenverbrauch an Halbzeug verbunden ist. Bei den anwendungsspezifisch eher kleinen Abformzahlen verursacht dieser kosten- und zeitintensive Prozess hohe Stückkosten. Im Mittelpunkt des BMBF-Verbundprojekts (BMBF – Bundesministerium für Bildung und Forschung) „Sprayforming", das im Oktober 2012 abgeschlossen wurde, steht eine Verfahrensvariante des thermischen Spritzens, das Lichtbogendrahtspritzen (LDS). Dieses ermöglicht es, dünne metallische Schichten lagenweise auf einem Formkörper aufzubringen. Die Masse der Sprayformingform reduziert sich auf weniger als ein Zehntel einer Stahlform. Zusätzlich kann die Energiebilanz beim Abformen von Kunststoffbauteilen verbessert werden – die Prozessenergie für einen Heiz- beziehungsweise Kühlvorgang sinkt im Vergleich mit einer Stahlform auf ein Zwölftel –, weil nun Halbzeuge mit oberflächennah eingebrachten Heiz- und Kühlkanälen realisiert werden können.

- Im europäischen Forschungsprojekt ANIMPOL 10 wird daran geforscht, Kunststoffe nicht aus Erdöl, sondern aus Schlachtabfällen zu produzieren. Die europäische Schlachtindustrie produziert jedes Jahr 500.000 Tonnen Fett, das größtenteils verbrannt wird. Daraus ließen sich etwa 200.000 Tonnen Biopolymere herstellen. Durch die Nutzung von Schlacht- und Molkereiabfällen könnte „Kunststoff aus dem Schlachthaus" lediglich doppelt so teuer sein wie heutige, erdölbasierte Produkte. Zudem wäre als Rohstoff kein Stärkehydrolysat aus Nahrungsmittelpflanzen mehr nötig, sondern reine Abfallprodukte ohne Marktwert.

- In der Industrie ist die Verwendung von Druckluft alltäglich. Der *MaschinenMarkt* nennt im Artikel „Energieeffizienz fordert Kompressorenhersteller heraus" (Dezember 2012) konkrete Zahlen: Allein in Deutschland stehen rund 62.000 Kompressorstationen, diese verbrauchen zusammen 14 Milliarden kWh pro Jahr. Durch bessere Planung von Bedarf und Druckluftnetzen kann die Energieeffizienz entscheidend verbessert werden. Von vornherein kann Kompressorwärme für das Heizen von Hallen oder von Prozesswasser vorgesehen werden. Druckluftspeicher und intelligente Steuerungen sind weitere Elemente zur Verbrauchsreduzierung.

- Für Leichtbaustrukturen im Bauwesen bietet sich ein Hybridmaterial aus Textilbeton an. Das sind spezielle Beton-Mischungen, die durch Textilfasern bzw. Textilfasermatten verstärkt und durch glasfaserverstärkte Kunststoffe (GFK) ergänzt werden. Hohe Festigkeit, Langlebigkeit oder gute Oberflächenqualität bei kosteneffizienter Fertigung zeichnen diese Werkstoffe aus. Beide Materialien wurden in der Vergangenheit unabhängig voneinander entwickelt und optimiert, sodass sich bei einer Kombination der beiden Werkstoffe verschiedene Probleme zeigen, die eine baupraxisgerechte Umsetzung eines solchen Hybridmaterials bislang nicht erlaubten.

(Quelle: Technologie-Monitor -2-, VDI Technologiezentrum)

In der Branche Umwelttechnik hat sich eine ganze Reihe von Dienstleistungen etabliert. Roland Berger Strategy Consultants strukturierte sie in originäre, industriebezogene und unternehmensbezogene Dienstleistungen.

1. Originäre Umwelttechnik-Dienstleistungen: Sie haben eine unmittelbaren Bezug zur Umwelttechnik. Abnehmer sind zum Beispiel Privatpersonen, Unternehmen und öffentliche Institutionen. Zu den klassischen Vertretern zählt der Energieberater.

2. Industriebezogene Umwelttechnik-Dienstleistungen: Sie unterstützen bestimmte Stufen der Wertschöpfung in der Umwelttechnik-Industrie. Entwicklungsdienstleister fördern beispielsweise die Generierung von Produkt- und Prozessinnovationen.

3. Unternehmensbezogene Umwelttechnik-Dienstleistungen: Sie werden für das gesamte Umwelttechnik-Unternehmen angeboten und sind nicht auf einzelne Teile der Wertschöpfungskette beschränkt. Dahinter verbirgt sich zum Beispiel die Beratung im Bereich Wachstumsfinanzierung.

Energieberater sind Experten. Die wesentliche Aufgabe von Energieberatern ist, dafür zu sorgen, dass sowohl in der Industrie als auch zu Hause möglichst sparsam und umweltschonend gearbeitet, gebaut und gelebt wird. Viele – das ist bekannt – sind Ingenieure und Bauingenieure, die sich aufgrund ihrer technischen Ausbildung in der grünen Welt auskennen. Energieberater kann im Grunde jeder werden. Das liegt daran, dass die Berufsbezeichnung „Energieberater" bisher nicht geschützt ist. Bestens geeignet für die interessante und anspruchsvolle Aufgabe sind daher Ingenieure, die ein technisch-naturwissenschaftliches Studium erfolgreich abgeschlossen haben und sich im Rahmen einer Weiterbildung ganz speziell schulen ließen.

Entwicklungsdienstleister sind fachlich fit sowie kompetent und übernehmen Verantwortung. Sie arbeiten mit modernen technischen Ausrüstungen, sind strukturiert sowie organisiert und in der Lage, sicher zu kommunizieren. Als Partner der Automobilbranche bieten sich ansprechende Innovationsfelder – alternative Antriebe, Elektronik, Hybridtechnik, Sicherheit zum Beispiel. Entwicklungsdienstleister, auch EDL genannt, entwickeln, produzieren und vertreiben hier Automobile.

Die Nachfrage von EDLs steigt, da sich Hersteller und Zulieferer in ihr eigentliches Geschäft zurückziehen. Die Folge sind stärkerer Wettbewerb, verschobene Kompetenzen und auch die weltweite Beschaffung. Darüber hinaus bleibt festzustellen, dass Wissen, Erfahrungen und Kompetenzen unter anderem durch Pensionierungen verloren gehen. So steigt die Nachfrage nach externen Entwicklungsdienstlern, sowohl bei Herstellern als auch Zulieferern. Ingenieure, die in der Automobilbranche als Entwicklungsdienstleister einsteigen, müssen ihr Handwerk wirklich gut verstehen, um bestenfalls eine sichere Brücke zwischen Hersteller und Zulieferer zu bilden. Gesucht werden in der Regel erfahrene, mehrsprachige Projektleiter und Ingenieure, die Probleme lösen können. Sie sollten auch erfahren im Management sein und branchenübergreifendes Verständnis mitbringen. Aus Sicht der Automobilindustrie werden Entwicklungsdienstleister noch mehr internationale Arbeitsplätze und Großprojekte übernehmen. Somit steigt natürlich auch ihre Verantwortung.

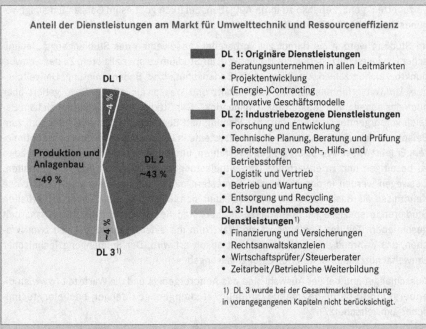

Anteil der Dienstleistungen am Markt für Umwelttechnik und Ressourceneffizienz

DL 1: Originäre Dienstleistungen
- Beratungsunternehmen in allen Leitmärkten
- Projektentwicklung
- (Energie-)Contracting
- Innovative Geschäftsmodelle

DL 2: Industriebezogene Dienstleistungen
- Forschung und Entwicklung
- Technische Planung, Beratung und Prüfung
- Bereitstellung von Roh-, Hilfs- und Betriebsstoffen
- Logistik und Vertrieb
- Betrieb und Wartung
- Entsorgung und Recycling

DL 3: Unternehmensbezogene Dienstleistungen[1]
- Finanzierung und Versicherungen
- Rechtsanwaltskanzleien
- Wirtschaftsprüfer/Steuerberater
- Zeitarbeit/Betriebliche Weiterbildung

1) DL 3 wurde bei der Gesamtmarktbetrachtung in vorangegangenen Kapiteln nicht berücksichtigt.

Produktion und Anlagenbau ~49 %

DL 2 ~43 %

DL 1 ~4 %

DL 3[1] ~4 %

Quelle: Roland Berger, „GreenTech made in Germany", Umwelttechnologie-Atlas 2012

2. „Grünes" studieren – ein Beispiel

Das Angebot an Studiengängen, die Umweltschutz und Energieeffizienz betreffen, ist riesengroß. Stellvertretend sei der Studiengang „Technischer Umweltschutz" genannt, den zum Beispiel die Technische Universität Berlin anbietet. Dieses Studium beschäftigt sich unter anderem mit Verfahren, die Schäden, Risiken und Belastungen für die Umwelt erkennen und beseitigen. Dabei steht im Vordergrund, umweltschädigende Materialien und Geräusche zu erfassen und zu beurteilen. Kennt man die Materialeigenschaften und daraus mögliche (schädliche) Einflüsse auf die Umwelt, wird ein entsprechendes Maßnahmenpaket geschnürt. Ziel ist es, die negativen Umwelteinflüsse zu begrenzen oder – noch besser – größtenteils zu minimieren oder auszuschließen.

Ingenieure im Technischen Umweltschutz brauchen unbedingt Wissen sowohl aus Technik und Naturwissenschaften als auch aus den Bereichen Ökonomie und Recht. Der Grund: Oftmals reicht es nicht, die festzulegenden Maßnahmen nur mit technischem Fachverstand zu entscheiden. Ingenieure im Technischen Umweltschutz beschäftigen sich mit energiewirtschaftlichen Themen genauso wie mit Fragen der Rohstoffwirtschaft. Zugleich müssen sie landschaftliche Gegebenheiten in Überlegungen berücksichtigen und Fragen beantworten, die sich aus dem Naturschutz stellen. Sie in umweltpolitische Vorhaben einzubetten, gehört ebenso zu ihren Aufgaben. Letztlich geht es im Ganzen um ausgewogenes nachhaltiges Wirtschaften.

Im Studium werden sie darauf gut vorbereitet. Absolventen des Studiengangs „Technischer Umweltschutz" haben die Möglichkeit, ihr Studium zu spezialisieren. Zu den Schwerpunktbereichen zählen Abfallwirtschaft, Bodenschutz bzw. Bodensanierung, Umweltchemie, Umweltverfahrenstechnik, Schallschutz und Wasserreinhaltung. Dazu gehört aber auch das sogenannte „Sustainable Engineering". Der Studiengang beschäftigt sich im Bereich vorsorgender Umweltschutz mit Planung und Beratung als Dienstleistung, um zum Beispiel Kreislaufwirtschafts- und Umweltsysteme in Unternehmen nachhaltig zu optimieren. Er lehrt Wissen zu Strategien und Verfahren, um bereits vorhandene Umweltschäden zu beseitigen und zu erwartende Umweltbelastungen so gering wie möglich zu halten. Deswegen werden in den ersten drei Semestern natur- und ingenieurwissenschaftliche Kenntnisse als Basis vermittelt. In den beiden sich anschließenden Semestern erhalten Studierende spezielle Fachkenntnisse. Im sechsten Semester wird die Abschlussarbeit geschrieben. Teil des Studiums ist ein Praktikum mit einer Gesamtdauer von zwölf Wochen, das während der studienfreien Zeit absolviert wird. Der Studiengang Technischer Umweltschutz ist im ersten Semester zulassungsbeschränkt.

Ausschlaggebend bei der Auswahl sind das Abiturergebnis und die Wartezeit (www.studienberatung.tu-berlin.de/menue/studium/studiengaenge/faecher_bachelor/technischer_umweltschutz/).

(Quelle: Studienberatung TU Berlin, Bachelor – Technischer Umweltschutz)

Bachelor-Absolventen bietet sich im Rahmen eines anschließenden Masterstudiums die Möglichkeit, die bereits erworbenen, theoretischen, praktischen Kenntnisse im Technischen Umweltschutz zu vertiefen. Absolventen des Masterstudiengangs planen und entwickeln Szenarien, die Ressourcen und Umwelt schützen. Darüber hinaus analysieren, forschen, überwachen und beraten sie in den Gebieten Abfall, Wasser, Boden, Luft, Lärm, Stoffbewertung, Mikroben sowie Technologien und Nachhaltigkeit. Master-Absolventen können in Unternehmen mehrerer Branchen arbeiten. Aus Sicht der Technischen Universität Berlin sind das:

- umwelttechnische und Güter erzeugende Industrie,
- planende beratende und gutachterlich tätige Ingenieurbüros,
- Betrieb und Optimierung betrieblicher Anlagen und Systeme,
- Ver- und Entsorgungsunternehmen,
- Altlastenerkundung und -sanierung,
- Versicherungsunternehmen und Unternehmensberatungen,
- Umweltanalytik und -bewertung,
- öffentliche Umweltverwaltungen,
- Überwachungs- und Genehmigungsbehörden,
- internationale Organisationen und Entwicklungszusammenarbeit,
- Forschung und Entwicklung.

Darüber hinaus haben sie eine gute Chance, in den Verbänden angestellt zu werden. Durchaus lukrativ könnte auch die Karriere als Ingenieur bei der Bundeswehr sein.

3. Gehalt und Einstieg

Die Verdienstmöglichkeiten von Diplom-Ingenieuren Umwelttechnik und -schutz variieren und sind insbesondere davon abhängig, welche Arbeiten das jeweilige Unternehmen erbringt. Zugleich spielt der Standort des Betriebes eine entscheidende Rolle.

Gehaltstabelle Bundesland	Brutto (minimal)/Monat (in €)	Brutto (maximal)/Monat (in €)
Baden-Württemberg	2.000	3.100
Bayern	2.700	4.200
Berlin	3.200	4.500
Brandenburg	2.450	2.450
Bremen	3.640	3.700
Hamburg	1.500	3.200
Hessen	1.650	4.300
Mecklenburg-Vorpommern	3.100	3.100

Quelle: www.gehaltsvergleich.com/gehalt/Dipl-Ing-Umwelttechnik-Techn-Umweltschutz.html, Stand Mai 2013

Der Einstieg in Unternehmen ist ähnlich, jedoch nicht deckungsgleich – zwei Praxisbeispiele

E.ON gehört zu den weltweit größten, privat geführten Strom- und Gasunternehmen. Rund 80.000 Mitarbeiter erwirtschaften fast 113 Milliarden € (2011). Ihr Ziel ist es, mit neuen Technologien saubere und auch bessere Energie zu liefern. Zu den Geschäftsfeldern gehören unter anderem Neubau und Technologie sowie Umweltschutz. Geboten werden über 20 duale Studiengänge und vielfältige Perspektiven, beispielsweise für Ingenieure und Wirtschaftswissenschaftler. Auch E.ON sucht gute Nachwuchskräfte. Für Studenten eignet sich hier zum Beispiel das Studentenprogramm „on.bord – E.ON Students Program". Als Praktikant oder Werkstudent lernt man das Unternehmen und sich gegenseitig kennen. Wer während dieser Zeit mit tollen Leistungen und großem Engagement überzeugt, bringt die notwendigen Voraussetzungen mit. Der Vorschlag einer Fachabteilung im Unternehmen kann den Karrierestart bedeuten. Voraussetzung ist außerdem, dass noch zwei Studiensemester bevorstehen. Mit einer aussagekräftigen Bewerbung und dem nötigen Fingerspitzengefühl während des Bewerbergesprächs werden die letzten Hürden genommen. Wie man die sogenannte Bordkarte schließlich erhalten kann, erklärt stellvertretend Andreas Bader, Trainee bei E.ON: „Mein Vorgesetzter empfahl mir aufgrund meiner Leistungen als Werkstudent, mich für on.board zu bewerben. Und die Rechnung ging auf: on.board war ein super Einstieg, durch den ich viele Bereiche kennenlernen konnte. Auch die Workshops fand ich gut, weil es um praxisnahe Themen wie zum Beispiel ein Assessment Center Training ging. Diese Erfahrung konnte ich schon bald nutzen – bei meiner Bewerbung für das E.ON Graduate Program. Das Ergebnis: Heute bin ich Ingenieur – und begeisterter Trainee." Das E.ON Graduate Program ist perfekt für Interessenten, die eine internationale Karriere anvisiert haben. Während des 18-monatigen Trainings werden sie von einem Ansprechpartner aus dem Personalbereich und einem persönlichen Mentor betreut.

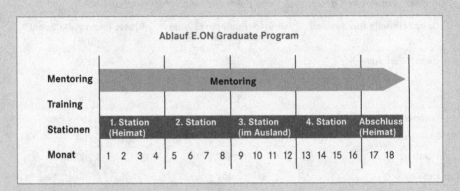

Um am Graduate Program teilnehmen zu können, müssen ganz bestimmte Voraussetzungen erfüllt werden. Dies erfordert:

- zügig abgeschlossenes Hochschulstudium mit sehr gutem Abschluss
- Studium mit einem der folgenden Schwerpunkte:
  - Betriebs-/Volkswirtschaft (Energiewirtschaft, Finanzen, Rechnungswesen, Steuern, Controlling, Unternehmensentwicklung, Personal/Organisation)
  - Wirtschaftsingenieurwissenschaften/Ingenieurwissenschaften (Elektrotechnik, Energietechnik, Maschinenbau, Verfahrenstechnik)
  - Rechtswissenschaften
- idealerweise Fachpraktika und Auslandserfahrung
- verhandlungssichere Deutsch- und Englischkenntnisse
- hohe Flexibilität und internationale Mobilität
- ausgeprägte Eigeninitiative und Teamgeist
- außeruniversitäres Engagement

Zu den weiteren Trainee-Programmen gehören beispielsweise „Regionale Energieversorgung und Netz" und „Energieerzeugung" oder der direkte Start vom Campus ins Unternehmen.

Studenten können im Rahmen der Hochschulförderung an verschiedenen internationalen Universitäten und Hochschulen die energetische Zukunft erforschen. „Ein gelungenes Beispiel für eine solche Kooperation ist das 2006 gemeinsam mit der RWTH Aachen gegründete E.ON Energieforschungszentrum (E.ON Energy Research Center – ERC), das E.ON über zehn Jahre mit einer Summe von 40 Millionen € fördert. Unter Leitung von Professor Rik De Doncker beschäftigen sich fünf Institute mit den Themenfeldern elektrische Energieerzeugung und Speichersysteme, Automatisierungsprozesse in Versorgungsnetzen, Geophysik und Geothermie, Energieeffizienz in Gebäuden sowie Bedürfnisse und Verhalten von Verbrauchern. Formal sind sie über die Fakultäten Elektrotechnik und Informationstechnik, Wirtschaftswissenschaften, Maschinenbau sowie Georessourcen und Materialtechnik verteilt und in deren Forschung und Lehre eingebunden, in der Praxis forschen sie jedoch auch interdisziplinär.

Darüber hinaus initiiert das E.ON ERC Kooperationsprojekte mit nationalen und internationalen Partnern, namhaften Wirtschaftsunternehmen sowie weiteren Instituten und Forschungseinrichtungen. Es ist ein wichtiger Baustein der internationalen Energieforschung und stärkt zudem die Innovations- und Wirtschaftskraft der Bundesrepublik Deutschland. Nicht zuletzt steigern die Themen wirtschaftliche Energieeinsparung und ökologische Versorgung die Attraktivität der Studiengänge der beteiligten Fakultäten." (Quelle: E.ON AG)

Wie ernst Umwelt- und Ressourcenschutz genommen werden, zeigt auch das folgende Praxisbeispiel. Die bei der Landesentwicklungsgesellschaft Thüringen angesiedelte **Thüringer Energie- und GreenTech-Agentur (ThEGA)** wurde 2010 gegründet. Sie soll den Einsatz grüner Technologien in Thüringen vorantreiben und die Weiterentwicklung der Thüringer GreenTech-Branchen begleiten. Die ThEGA soll dazu zum zentralen Kompetenz-, Beratungs- und Informationszentrum ausgebaut werden und Unternehmen, Forschungs- und Bildungseinrichtungen, Kommunen und Verwaltungen sowie private Verbraucher in Fragen rund um die Themen Energie und GreenTech informieren. Die Hochschulen können unter der anerkannten Marke Bauhaus zum Motor dieser Entwicklung werden. Erste Ideen für Pilotprojekte in Sachen energiesparende Gebäude sind bereits entwickelt. Zum einen soll ein Altbauquartier im ländlichen Raum umgestaltet werden, zum anderen ein Industriekomplex in Hermsdorf. Partner aus der Wissenschaft übernehmen die begleitenden Untersuchungen. (Quelle: Thüringer Ministerium für Wirtschaft, Arbeit und Technologie)

Bei allem berechtigten Optimismus sollten sich Absolventen darauf einstellen, mit einem befristeten Arbeitsvertrag einsteigen zu müssen. „Von jungen Akademikerinnen und Akademikern mit bis zu einem Jahr Berufserfahrung haben rund 34 Prozent eine befristete Beschäftigung. Zu diesem Ergebnis des Absolventen-Lohnspiegels haben rund 4.300 Befragte beigetragen. Bei den Akademiker/innen mit zwei bis drei Jahren Berufserfahrung geht der Anteil der befristet Beschäftigten auf rund 18 Prozent zurück. In der Gesamtgruppe der akademisch Ausgebildeten mit bis zu drei Jahren Berufserfahrung hat jede/r Vierte einen befristeten Vertrag", schreibt das Online-Portal www.lohnspiegel.de.

Info-Tipp: Bachelor Plus

Bachelor Plus ist ein Förderprogramm des Deutschen Akademischen Austauschdienstes (DAAD), das aus Mitteln des Bundesministeriums für Bildung und Forschung (BMBF) finanziert wird. Seit 2009 unterstützt es Hochschulen darin, vierjährige Bachelorprogramme einzurichten, die einen integrierten einjährigen Auslandsaufenthalt beinhalten. Die Leistungen, die die Studierenden im Ausland erbringen, werden ihnen an der Heimathochschule voll anerkannt. Zum Wintersemester 2011/12 befanden sich 65 Projekte in der Förderung.

(Quelle: www.abi.de)

> **EINSTEIGER-TIPP** Die GreenTech-Branche in Deutschland braucht auch wirklich gute IT-Spezialisten, insbesondere Software-Entwickler, und Spezialisten für Marketing und Vertrieb. Gute Chancen für den Einstieg haben Berater in der Verfahrenstechnik ganz unterschiedlicher Branchen – Steuerungs- und Messtechnik in der Elektrik, Software zur Steuerung von Energiemanagement.

Weiterführende Links:
www.greentech-germany.com
www.workingreen.de
www.hochschulkompass.de
www.hochschulkarriere.de
http://www.abi.de/archiv.htm?erg=liste
http://www.abi.de/studium/studiengaenge.htm

3.5 Nahrungs- und Genussmittelwirtschaft

Die Ernährungsindustrie erzielte 2012 nach Berechnungen der Bundesvereinigung der Deutsche Ernährungsindustrie (BVE) einen Umsatz von 170 Milliarden €. Das entspricht einem Plus von 4,1 Prozent gegenüber dem Jahr 2011. Damit lief für die Ernährungsindustrie das Jahr 2012 ähnlich wie das Vorjahr. Grund für Euphorie besteht nach Aussage der BVE allerdings nicht. Der harte Preiswettbewerb hat sich fortgesetzt, die Rohstoffpreise sind nach oben geschossen.

Die Erlöse im Exportgeschäft erhöhten sich um fast 11,5 Prozent. Damit erhöhte sich die Exportquote auf 31 Prozent und erreichte einen Wert von 53,4 Milliarden €.

Die Ernährungsindustrie ist mit 556.500 Beschäftigten nicht nur einer der größten, sondern auch einer der stabilsten Industriezweige. 2012 wurden 6.500 neue Arbeitsplätze geschaffen.

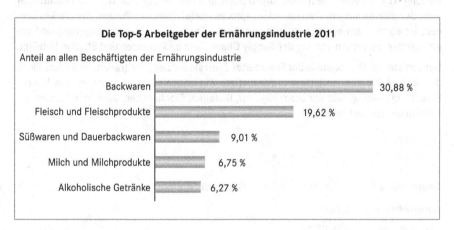

Die Top-5 Arbeitgeber der Ernährungsindustrie 2011

Anteil an allen Beschäftigten der Ernährungsindustrie

Backwaren	30,88 %
Fleisch und Fleischprodukte	19,62 %
Süßwaren und Dauerbackwaren	9,01 %
Milch und Milchprodukte	6,75 %
Alkoholische Getränke	6,27 %

Quelle: Statistisches Bundesamt, BVE

Die Branche gehört nicht zu den ganz großen Arbeitgebern für Ingenieure. Nur etwa 10 Prozent der Branchenmitarbeiter sind Hochschulabsolventen. Wenn, dann suchen die Unternehmen Ingenieure der Richtungen

- Verfahrenstechnik,
- Verpackungstechnik,
- Maschinenbau,
- Logistik,
- Lebensmitteltechnik,
- Lebensmitteltechnologie,
- Agrartechnik,
- IT.

Große Unternehmen bieten oft spezielle Einsteigerprogramme, in kleine Unternehmen steigen Absolventen direkt ein. **Beispiel Nestlé:** Nestlé Deutschland beschäftigte im Jahr 2011 rund 13.000 Mitarbeiter, die einen Umsatz von über 3,6 Milliarden € erzielten. Das Unternehmen ist aktiv auf den Gebieten

- Getränke (Anteil am Umsatz 23 Prozent),
- Milch-, Diätetikprodukte und Speiseeis (19 Prozent),
- Fertiggerichte und Produkte für die Küche (39 Prozent),
- Tiernahrung (7 Prozent),
- Schokolade und Süßwaren (9 Prozent).

Trainee-Programme werden in den Bereichen Human Resources, Supply Chain Management (SCM), Marketing und Sales, Finance und Controlling sowie Technisches Management geboten. Die Programme dauern in der Regel 24 Monate. Das SCM-Programm zum Beispiel ist dreigeteilt: Sechs Monate werden in einem deutschen Werk verbracht. Hier lernt der Trainee alle am Wertschöpfungsprozess beteiligten Abteilungen des Werkes kennen, ist ebenso am operativen Tagesgeschäft – Produktion, Planung, Lagerung und angrenzenden Bereichen entlang der Supply Chain – wie an Projekten und Studien beteiligt.

Danach stehen 15 Monate in der Frankfurter Zentrale auf dem Programm. Im letzten Block des Trainee-Programms ist ein dreimonatiger Auslandseinsatz vorgesehen. Die Nestlé-Forschung benötigt hier vor allem Physiker, Biologen, Biochemiker, Mediziner, Lebensmitteltechnologen und Ingenieure.

 Web-Link
Nähere Informationen finden Sie unter www.nestle.de

Kennzahlen der deutschen Ernährungsindustrie 2012

Unternehmen	6.000
Beschäftigte	555.000
Umsatz	169 Milliarden €

Quelle: Bundesverband der Deutschen Ernährungsindustrie, www.bve-online.de, 2012

3.6 Textilbranche

Die Textil- und Bekleidungsindustrie ist die zweitgrößte Konsumgüterbranche Deutschlands und beschäftigt heute über 120.000 Mitarbeiter im Inland. Hinzu kommen etwa 280.000 Beschäftigte, die weltweit für deutsche Unternehmen tätig sind. Stärkster Wachstumstreiber sind die technischen Textilien, die ihre Anwendung in einer Vielzahl von Hightech-Produkten in der Automobilindustrie, der Luft- und Raumfahrt, der chemischen, der Bauindustrie sowie der Medizin finden und ca. 50 Prozent des Branchenumsatzes generieren. Der Rest entfällt auf Bekleidung und Heimtextilien. Die außergewöhnlich hohe Exportquote von 43 Prozent spiegelt die Wertschätzung deutscher Textil- und Bekleidungsprodukte auf den internationalen Märkten wider und unterstreicht die Wettbewerbs-fähigkeit der Unternehmen, die sich nach einschneidenden Strukturanpassungsprozessen weltweit behaupten können.

Im Jahr 2011 hat die Textil- und Modeindustrie ein weiteres Wachstumsjahr erlebt. Die Umsätze sind um ca. 7 Prozent gewachsen, die Beschäftigung in Deutschland nahm eben-falls leicht zu. Die technischen Textilien haben sich wiederum überdurchschnittlich entwi-ckelt. Und die Zeichen stehen weiter auf Wachstum. Die deutsche Textil- und Bekleidungs-industrie zeichnet sich durch ein hohes Maß an Flexibilität und Innovationskraft aus und kann auf konjunkturelle Schwankungen gut reagieren.

Die Textilbranche gehört mit zu den Hightech-Branchen, die **Textilingenieuren** interessan-te Perspektiven bieten können. Arbeitgeber in der Textilindustrie sind vor allem Spinnerei-en, Webereien und Strickereien oder Textilveredlungsbetriebe, der Textilmaschinenbau oder Betriebe, die auf die Herstellung von Textilien aus Vliesstoff oder auf Teppichböden spezialisiert sind. Auch in Kfz-Zulieferbetrieben, im Großhandel oder bei Bekleidungsher-stellern können sie Aufgaben übernehmen. Dagegen sind **Ingenieure für Bekleidungs-technik** mit der Fertigung und Vermarktung von Bekleidung befasst. Sie finden in allen Sparten der Bekleidungsindustrie, deren Zulieferindustrie und in Ateliers für Textil-Design Arbeit. Darüber hinaus können sie im Groß- und Einzelhandel von Bekleidung tätig wer-den.

> **TIPP** Wer gute Chancen haben will, muss nicht nur fachlich auf dem neuesten Stand sein, sondern sich ebenso gut in rechtlichen, logistischen und betriebswirtschaftlichen Fragen auskennen.

Folgende Studienrichtungen sind gefragt:

- Textildesign
- Bekleidung
- Bekleidungstechnik
- Bekleidungstechnik/Maschenkonfektionstechnik
- Textiltechnik
- Textil- und Bekleidungstechnik

3.7 Luft- und Raumfahrt

Diese Branche ist eine der am nachhaltigsten wachsenden in Deutschland überhaupt und strahlt wegen ihres technologischen Know-hows sowie ihrer starken Innovationskraft auf viele andere Industriezweige aus. Direkt in der deutschen Luft- und Raumfahrtindustrie sind laut Bundesverband der Deutschen Luft- und Raumfahrtindustrie rund 100.000 Men-schen beschäftigt (2012), rund die Hälfte davon sind Hochschulabsolventen. Weitere 250.000 Beschäftigte sind im Luftverkehrsbereich tätig. Weitere gut 700.000 Menschen arbeiten in der Wertschöpfungskette für die Unternehmen der Luft- und Raumfahrtfahrt-industrie.

Die Luft- und Raumfahrt gehört zu den Schlüsselbranchen der deutschen Wirtschaft. Mit ihrem hohen Wertschöpfungsanteil und ihrer strategischen Bedeutung schafft und sichert sie hochqualifizierte Arbeitsplätze in Deutschland.

Die industriellen Ausgaben für Forschung und Entwicklung sind, gemessen an den Umsätzen, in der Luft- und Raumfahrtindustrie deutlich höher als in allen anderen Bereichen. Diese Branche ist der Technologiemotor moderner Volkswirtschaften. Sie verbindet fast alle Hochtechnologien des Informationszeitalters miteinander: Elektronik, Robotik, Mess-, Steuer-, Werkstoff- und Regeltechnik. Rund 17 Prozent ihrer Einnahmen investiert die deutsche Luft- und Raumfahrt in Forschung und Entwicklung – sie ist damit einer der wichtigsten Schrittmacher bei der Entwicklung neuer Werkstoffe und Technologien nicht nur in Deutschland.

Die Branche erwirtschaftete 2011 einen Umsatz von 25,7 Milliarden €. Sie ist vorwiegend mittelständisch organisiert, kleine und mittlere Zulieferer bieten wie in der Automobilindustrie die besten Chancen auf eine Stelle. Zugpferd und Aushängeschild der Branche ist der europäische **Luftfahrtkonzern EADS**. Er beschäftigt über 133.000 Menschen weltweit und erwirtschaftete 2012 einen Umsatz von knapp 50 Milliarden €.

Das Unternehmen sucht immer gut ausgebildete Ingenieure, vor allem der Studienrichtungen

- Luft- und Raumfahrttechnik,
- Maschinenbau,
- Elektrotechnik,
- Werkstofftechnik,
- Fertigungs- und Systemtechnik,
- Technische Informatik,
- Wirtschaftsingenieurwesen.

Wichtige Projekte von EADS sind Airbus und Eurocopter. Mit Airbus ist Europa zum Weltmarktführer im zivilen Luftfahrtbau geworden – und Deutschland ist an diesem Erfolg unmittelbar beteiligt. 2012 wurden 588 Flugzeuge ausgeliefert, 914 Aufträge gingen ein. Auch der Weltmarktführer in der Hubschrauber-Branche, Eurocopter, ist ein deutsch-französisches Gemeinschaftsunternehmen. 2012 wurden 475 Helikopter ausgeliefert und insgesamt ein Umsatz von 6,3 Milliarden € erwirtschaftet.

Unabhängig davon sind Zulieferer und Dienstleister aus Deutschland mit ihren hoch spezialisierten Produkten und Leistungen weltweit stark nachgefragt. Dazu zählt auch Spitzentechnologie zur Schonung der Umwelt. Führend ist das **Deutsche Zentrum für Luft- und Raumfahrt (DLR)** in der Helmholtz-Gemeinschaft. Es betreibt umfangreiche Forschungs- und Entwicklungsarbeiten in Luftfahrt, Raumfahrt, Energie und Verkehr und ist darüber hinaus als Raumfahrtagentur im Auftrag der Bundesregierung für die Planung und Umsetzung der deutschen Raumfahrtaktivitäten zuständig. Das DLR beschäftigt mehr als 7.300 Mitarbeiter, unterhält 32 Institute bzw. Test- und Betriebseinrichtungen und ist an 16 Standorten vertreten. Die Förderung des wissenschaftlichen Nachwuchses ist ein zentrales Thema. Jährlich werden im DLR etwa 200 Bachelor- bzw. Master- und mehrere Hundert Doktorarbeiten verfasst. Außerdem wird hier eine umfangreiche Personalentwicklung betrieben mit der Möglichkeit, im Ausland zu arbeiten, mit Patenschaftsverträgen mit anderen Industriefirmen wie Airbus, Siemens und MTU und Betonung auf familienfreundlichen Strukturen. Neben Forschung und Entwicklung sind Produktion, Qualitätsmanagement, Logistik und Führungsaufgaben hier wichtige Arbeitsfelder von Ingenieuren.

Der Einstieg in die Luft- und Raumfahrtbranche erfolgt meist on-the-job, wird aber gut begleitet. **Beispiel Rolls-Royce Deutschland:** Das zukunftsorientierte Unternehmen der Luftfahrtindustrie ist eingebunden in einen globalen Konzern. An den Standorten Dahlewitz bei Berlin und Oberursel bei Frankfurt am Main werden fast 3.400 Mitarbeiter beschäftigt. Als einziges deutsches Unternehmen, welches den kompletten Service von der Entwicklung über die Fertigung bis hin zur logistischen Unterstützung von Flugtriebwerken anbietet, offeriert Rolls-Royce Deutschland nicht nur eine Vielzahl interessanter Einsatzmöglichkeiten, sondern auch ein dynamisches und internationales Arbeitsumfeld. Ein Training-on-the-job sichert das Kennenlernen des jeweiligen Arbeitsgebietes inklusive aller notwendigen Weiterbildungsmaßnahmen.

Was Rolls-Royce von Absolventen erwartet:

* einen guten bis sehr guten (Fach-)Hochschulabschluss
* gute Englischkenntnisse
* einschlägige Praktika im angestrebten Unternehmensbereich
* Teamgeist und Engagement
* gute Kommunikationsfähigkeiten
* interkulturelle Offenheit

 Web-Link
Nähere Informationen finden Sie unter www.rolls-royce.com

3.8 Stahlindustrie

Deutschland ist der größte Rohstahlproduzent in der EU und liegt im weltweiten Vergleich auf Platz sieben hinter China, Japan, den USA, Indien, Russland und Südkorea. Die Globalisierung hat in den vergangenen Jahren nicht nur das Bild der Weltstahlindustrie stark verändert. Fusionen mit in- und ausländischer Beteiligung haben auch in Deutschland zu neuen Unternehmensdimensionen geführt. Auch global agierende Konzerne wie Mittal Steel, Arcelor, Riva und Feralpi sind durch Unternehmensübernahmen auf dem deutschen Markt präsent.

Die deutsche Stahlindustrie ist in die internationale Arbeitsteilung eingebunden. Ihre Exportquote beträgt 50 Prozent. Aktuell werden rund 75 Prozent des Stahl-Exports in die EU geliefert. Die Lieferungen in die Länder außerhalb der EU betragen seit Jahren konstant 5 Millionen Tonnen pro Jahr. Die wichtigsten Zielländer liegen in den Gebieten NAFTA, Asien und übriges Europa.

2011 war ein gutes Jahr für die Stahlindustrie. 44,3 Millionen Tonnen Rohstahl wurden produziert. 2012 ging die Produktion um 4 Prozent zurück, der Umsatz betrug 42,7 Millionen Tonnen. 2013 rechnet die Branche wieder mit einem leichten Anstieg auf 43 Millionen.

Die größten Stahlerzeuger Deutschlands

Rang	Unternehmen	Rohstahlproduktion in Mio. t (2011)
1	ThyssenKrupp	13,8
2	Salzgitter	7,6
3	Arcelor Mittal	7,1
4	HKM	5,3
5	Dillingen	2,5
6	Saarstahl	2,4
7	RIVA	2,2
8	Badische Stahlwerke	2,1
9	Georgsmarienhütte	1,3
10	Lech Stahlwerke	1,1
11	Deutsche Edelstahlwerke	1,0
12	FERALPI Elbstahlwerke	0,8
12	Stahlwerk Thüringen	0,8

Quelle: www.stahl-online.de

Der Stahlindustrie fehlen qualifizierte Ingenieure. Vorwiegend besteht ein Bedarf an Metallurgen und Werkstoffwissenschaftlern. Dieser Mangel ist in erster Linie dadurch bedingt, dass zu wenig Studienanfänger eine entsprechende Ausbildung wählen. Denn trotz der positiven Entwicklung der Studiengänge für Metallurgie und Werkstoffwissenschaften beenden jährlich nur 70 bis 80 Absolventen diese Ausbildung. Die Stahlindustrie könnte aber über viele Jahre hinaus jährlich mindestens 150 Bewerber einstellen, etwa doppelt so viele. Die Karrierechancen für Ingenieure sind in diesem Bereich also besser denn je.

Ungeachtet des Rückgangs der Gesamtzahl der Mitarbeiter von 288.000 im Jahr 1980 auf 91.000 im Jahr 2011 in der deutschen Stahlindustrie ist die Zahl der dort beschäftigen Ingenieure mit über 6.000 in den letzten 20 Jahren konstant geblieben. Die neueste Ingenieurerhebung des Düsseldorfer Stahl-Zentrums macht dies deutlich: Der Ingenieuranteil beträgt derzeit 6,1 Prozent aller Beschäftigten, vor 25 Jahren waren es nur 2,7 Prozent. Da die Unternehmen allerdings 2011 und 2012 über den Bedarf eingestellt haben, schwächt sich die Einstellung in den nächsten Jahren deutlich ab. Denkbar sind Karrieren als Führungskraft, in Projekten und als Spezialist. Die Arbeit an Prozess-, Werkstoff- und Produktinnovationen steht hier ganz oben auf der Tagesordnung. Um neue Ideen zu entwickeln, muss über den Tellerrand hinausgeschaut werden. Neben den klassischen Stahlberufen wie Hüttenleute, Metallurgen oder Maschinenbauer sind auch Geografen, Werkstofftechniker, Informatiker und Physiker tagtäglich mit dem Material Stahl beschäftigt. Das Spektrum der verschiedenen Berufe ist in der Stahlindustrie im Vergleich zu anderen Industriezweigen besonders groß. Für den Einstieg bieten die großen Unternehmen Trainee-Programme an.

Beispiel ThyssenKrupp: Die Unternehmen des ThyssenKrupp Konzerns bieten gegenwärtig zwei Trainee-Programme: das der Steel Europe AG für Ingenieure mit Abschluss Maschinenbau und Elektrotechnik sowie das der Electrical Steel GmbH für Maschinenbauingenieure sowie Physiker und Chemiker. Die Programme richten sich nach der gewünschten Position im Unternehmen, dazu kommen meist noch zwei oder drei Stationen, die mit der Zielposition in Zusammenhang stehen. In der Regel dauert das Trainee-Programm zwölf bis 24 Monate.

Web-Link
Nähere Informationen finden Sie unter www.thyssenkrupp.com/de

3.9 Consulting und Ingenieur-Dienstleistungen

Die Consulting- bzw. Unternehmensberatungsbranche in Deutschland hat 2011 trotz der Staatsschulden- und Eurokrise die positive Umsatzentwicklung des Vorjahres fortsetzen können. Der Gesamtumsatz legte um 9,5 Prozent im Vergleich zu 2010 zu und kletterte damit erstmalig über die 20-Milliarden-€-Marke, stellt die aktuelle Branchestudie *Facts & Figures zum Beratermarkt 2011/2012* des Bundesverbandes Deutscher Unternehmensberater (BDU) fest. Die Unternehmensberater führten 2011 im Auftrag ihrer Klienten aus Industrie, Wirtschaft und Verwaltung Projekte im Gesamtvolumen von 20,6 Milliarden € (2010:18,9 Milliarden €) durch.

> **TIPP** Absolventen ingenieurwissenschaftlicher Studiengänge sollten über solide betriebswirtschaftliche Kenntisse verfügen, wenn sie in eine Unternehmensberatung einsteigen wollen.

Ingenieure mit dem nötigen betriebswirtschaftlichen Hintergrund haben gute Chancen, in technisch ausgerichteten Unternehmen als echte Partner Veränderungsprozesse zu begleiten. Vor allem Informatiker mit betriebswirtschaftlichem Background sind als IT-Berater heiß begehrt. Daneben finden auch Wirtschaftsingenieure mit ihrer Affinität zu Wirtschaft und Technik gute Ausgangspositionen im Beratungsgewerbe vor. Der Wettbewerb um begabte Berater mit technischem Know-how ist groß, die Branche steht in direktem Wettbewerb zu allen anderen wirtschaftlichen Bereichen, die Ingenieure suchen. Dieser Trend setzt sich auch 2012 und 2013 fort. Wer alle Anforderungen erfüllt und engagiert ist, kann in wenigen Jahren auf der Karriereleiter ein gutes Stück vorankommen und entweder eine Partnerschaft übernehmen oder in die Geschäftsleitung aufsteigen.

Beispiel Arthur D. Little: Hier werden Absolventen der Betriebswirtschaft, Wirtschaftsinformatik und -ingenieurwesen, Naturwissenschaften oder technischen Studienrichtungen mit betriebswirtschaftlicher Zusatzqualifikation (MBA, Zweitstudium) gewünscht. Fließendes Englisch und eine weitere Sprache sind erforderlich, ebenso Praktika oder andere Berufserfahrungen sowie ein Auslandsstudium oder andere Auslandserfahrungen.

Web-Link
Nähere Informationen finden Sie unter www.adlittle.de

Ingenieure können sich als Berater auch **selbstständig** machen. Allerdings ist der Titel Beratender Ingenieur gesetzlich geschützt und erfordert unter anderem eine Mitgliedschaft in einer Länderingenieurkammer. Beratende Ingenieure sind in verschiedenen Bereichen tätig:

Tätigkeitsfelder Beratender Ingenieure

Bereich	Anteil in Prozent
Konstruktiver Ingenieurbau/Statik	38,2
Technische Ausrüstung	14,1
Prüfung/Sachverständige	10,7
Verkehr	9,0
Architektur/Gesamtberatung	8,7
Elektrotechnik	7,2
Geotechnik	6,0
Vermessung	2,8
Facility Management	1,0

Quelle: www.vbi.de, Stand: Januar 2013

In Deutschland gibt es rund 58.000 Ingenieurbüros, die mehr als 280.000 Menschen beschäftigen und Bauinvestitionen von rund 211 Milliarden € betreuen. Gesucht werden laut einer Ingenieursbefragung des Verbandes Beratender Ingenieure (VBI) zumeist erfahrene Ingenieure (53 Prozent) und Bauleiter (11 Prozent). 17 Prozent der Stellen wurden für Berufsanfänger ausgeschrieben. Frauen erreichen bei Neueinstellungen einen Anteil von fast 30 Prozent. Das Jahr 2010 und 2011 brachten auch für die meisten Planungsbüros den ersehnten Aufschwung. Auch 2012 war von guter Auftragslage, stabilen Umsätzen und Personalaufbau gekennzeichnet.

3.10 Logistikbranche

Der Bereich Logistik verändert sich stetig und bringt aufgrund der andauernden Ausdifferenzierung immer wieder neue Aufgabenfelder hervor. Mittlerweile hat sich laut Bundesvereinigung Logistik (BVL) eine begriffliche Einteilung etabliert, die sich an den Phasen des Produktionsprozesses orientiert. So bezeichnet die **Beschaffungslogistik** den Weg der Rohstoffe vom Lieferanten zum Eingangslager, wohingegen die **Produktionslogistik** die Verwaltung von Halbfabrikaten sowie die dazugehörige Material- und Warenwirtschaft beinhaltet. Die **Distributions- oder Absatzlogistik** konzentriert sich auf die Verteilung vom Vertriebslager zum Kunden, während die **Entsorgungslogistik** mit der Rücknahme von Abfällen und Recycling befasst ist, aber auch den Versand von Retourwaren sicherstellt.

Die Logistik stellt somit für Gesamt- und Teilsysteme in Unternehmen, Konzernen, Netzwerken und sogar virtuellen Unternehmen prozess- und kundenorientierte Verteilungslösungen bereit.

Kaum eine Branche profitiert so von veränderten Konsumgewohnheiten wie die Logistik: Dank E-Commerce (Online-Handel) steigen Umsätze und Personalbedarf. Ins Auge, weil auf Lkw-Planen präsent, fallen die großen Logistikunternehmen wie DHL, Schenker, Lufthansa oder Kühne & Nagel. Doch Logistik findet auch z. B. in Lager- und Lieferbetrieben deutscher Häfen statt, den Toren von Ex- und Import. Eine Faustregel: Ein Prozent Wachstum der Weltwirtschaft bringt 3 Prozent Wachstum in der Logistikbranche.

In Deutschland beschäftigten rund 60.000 Logistik-Unternehmen rund 2,8 Millionen Menschen. Allein in der Metropolregion Hamburg sind es beispielsweise mittel- und unmittelbar 400.000 Personen. Nach Angaben der BVL ist fast jeder sechste Akademiker. Die Umfrage *Arbeitgeber Logistik* mit 207 Teilnehmern aus 2012 ergab, dass 50 Prozent im kommenden Jahr Personal aufstocken wollen.

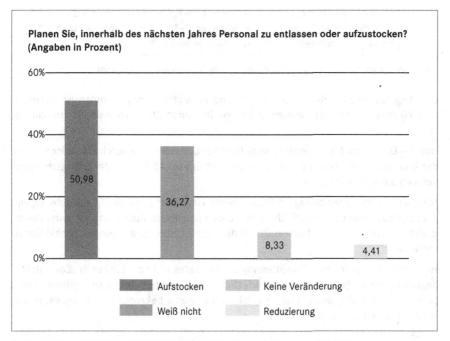

Quelle: Umfrage Arbeitgeber Logistik 2012, 207 Teilnehmer, Bundesvereinigung Logistik (BVL)

82 Prozent der befragten Unternehmen gaben an, dass die Gehälter in den letzten fünf Jahren gestiegen seien, und auch für das kommende Jahr prognostizieren 51 Prozent der Unternehmen eine überdurchschnittliche Steigerung von mehr als 3 Prozent.

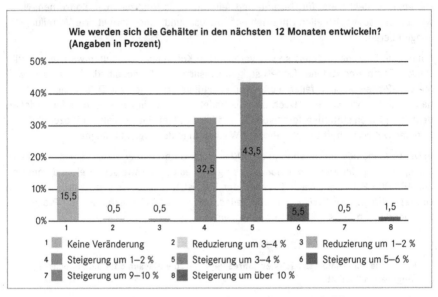

Wie werden sich die Gehälter in den nächsten 12 Monaten entwickeln?
(Angaben in Prozent)

1 ■ Keine Veränderung 2 ■ Reduzierung um 3–4 % 3 ■ Reduzierung um 1–2 %
4 ■ Steigerung um 1–2 % 5 ■ Steigerung um 3–4 % 6 ■ Steigerung um 5–6 %
7 ■ Steigerung um 9–10 % 8 ■ Steigerung um über 10 %

Quelle: Umfrage Arbeitgeber Logistik 2012, 207 Teilnehmer, Bundesvereinigung Logistik (BVL)

Das Angebot an zusätzlichen Leistungen und Entwicklungsmöglichkeiten ist vielseitig. Fast 70 Prozent der Unternehmen gewähren überdurchschnittlich viele Weiterbildungstage.

Und die Dauer des Arbeitsverhältnisses hat häufig Bestand: Die durchschnittliche Dauer der Arbeitsverhältnisse mit den Mitarbeitern beträgt bei 45 Prozent der befragten Unternehmen mehr als zehn Jahre.

Mehr als die Hälfte der befragten Unternehmen klagt über zu wenig IT-Fachleute, Ingenieure und Betriebswirte sowie Fachkräfte mit kaufmännischer Ausbildung auf dem Arbeitsmarkt. Zudem macht sich fast ein Drittel der Unternehmen große Sorgen, Fachkräfte zu verlieren.

Hochschulen oder interne Qualifizierungen füllen indes nicht die Lücken in „Logistik Management" oder „Technischer Logistik". Und auch die Unternehmen sind selbstkritisch: „Die Karrieremöglichkeiten in der Logistik sind zu wenig bekannt." Hieran gilt es, in den kommenden Jahren zu arbeiten.

Special Bauwesen

Die Bauindustrie trägt in der deutschen Wirtschaft wesentlich zur Wertschöpfung und Schaffung von Arbeitsplätzen bei. Eine Vielzahl vor- und nachgelagerter Bereiche macht die Bauindustrie zu einem Wirtschaftsmotor, der Wohlstand sichert. Jeder Euro, der heute in die Bauindustrie investiert wird, steigert die gesamtwirtschaftliche Nachfrage um mehr als 2 Euro. Und die Bauindustrie ist stabil, wenn in ihrer gesamtwirtschaftlichen Bedeutung auch leicht sinkend. Der Anteil der Bauinvestitionen am Bruttoinlandsprodukt betrug 2012 fast 9 Prozent. Im Vergleich dazu lag der Anteil vor zehn Jahren noch bei fast 14 Prozent. Dagegen ist die Zahl der Beschäftigten wieder auf dem Vormarsch. Nach Tiefpunkten in den Jahren 2008 und 2009 geht es wieder bergauf. Allein im Bauhauptgewerbe sind derzeit rund 745.000 Menschen beschäftigt.

Auch im Ausland ist die deutsche Bauindustrie über Tochter- und Beteiligungsgesellschaften erfolgreich. Seit Jahren liegt die international erbrachte deutsche Bauleistung bei über 20 Milliarden € pro Jahr.

1. Arbeitsmarkt für Bauingenieure und Architekten

Der Arbeitsmarkt für Architekten und Bauingenieure ist eng mit der Entwicklung der Baubranche verknüpft. In den letzten Jahren konnte diese von Konjunkturprogrammen, niedrigen Zinssätzen und steigenden Investitionen profitieren. Dies hat sich positiv auf den Arbeitsmarkt niedergeschlagen: **Beschäftigung und Kräftenachfrage stiegen** weiter an. Gleichzeitig ging die Arbeitslosigkeit von Architekten und Bauingenieuren stark zurück. Hier war 2011 mit 128.200 sozialversicherungspflichtig Beschäftigten ein Zuwachs von fast 3 Prozent gegenüber dem Vorjahr zu verzeichnen, berichtet der aktuelle *Arbeitsmarktbericht* der Bundesagentur für Arbeit vom August 2012.

Regional bieten sich unterschiedliche Möglichkeiten. Besonders viele Architekten und Bauingenieure waren in den städtischen Ballungsräumen wie Berlin (7.200), München (6.600) und Hamburg (6.300) angestellt. Bezogen auf die Einwohnerzahlen stellten Hamburg, Berlin und Bremen überproportional viele Arbeitsplätze für Architekten und Bauingenieure. Nach Bundesländern betrachtet arbeiteten in den drei großen Ländern Nordrhein-Westfalen (25.900), Bayern (18.700) und Baden-Württemberg (18.600) 2011 fast die Hälfte aller Beschäftigten. Im Vergleich zu anderen Ingenieurberufen sind im Bauingenieurwesen und der Architektur viele Frauen tätig. Der **Frauenanteil** steigt zudem seit Jahren kontinuierlich an und lag 2011 bei 28 Prozent. Der Bereich Innenarchitektur ist fest in weiblicher Hand: War 2001 schon mehr als die Hälfte der Beschäftigten weiblich, stieg dieser Anteil 2011 auf fast drei Viertel (72 Prozent) der Beschäftigten.

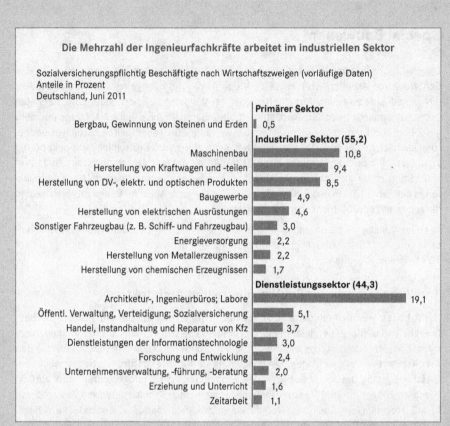

Die Mehrzahl der Ingenieurfachkräfte arbeitet im industriellen Sektor

Sozialversicherungspflichtig Beschäftigte nach Wirtschaftszweigen (vorläufige Daten)
Anteile in Prozent
Deutschland, Juni 2011

Primärer Sektor

Bergbau, Gewinnung von Steinen und Erden — 0,5

Industrieller Sektor (55,2)

Maschinenbau — 10,8
Herstellung von Kraftwagen und -teilen — 9,4
Herstellung von DV-, elektr. und optischen Produkten — 8,5
Baugewerbe — 4,9
Herstellung von elektrischen Ausrüstungen — 4,6
Sonstiger Fahrzeugbau (z. B. Schiff- und Fahrzeugbau) — 3,0
Energieversorgung — 2,2
Herstellung von Metallerzeugnissen — 2,2
Herstellung von chemischen Erzeugnissen — 1,7

Dienstleistungssektor (44,3)

Architektur-, Ingenieurbüros; Labore — 19,1
Öffentl. Verwaltung, Verteidigung; Sozialversicherung — 5,1
Handel, Instandhaltung und Reparatur von Kfz — 3,7
Dienstleistungen der Informationstechnologie — 3,0
Forschung und Entwicklung — 2,4
Unternehmensverwaltung, -führung, -beratung — 2,0
Erziehung und Unterricht — 1,6
Zeitarbeit — 1,1

Quelle: Statistik der Bundesagentur für Arbeit

Die sozialversicherungspflichtige Beschäftigung beschreibt nur einen Teilausschnitt des Arbeitsmarktes für Architekten und Bauingenieure. Insbesondere bei Architekten spielt die **freiberufliche Tätigkeit** eine wichtige Rolle. Fast jeder Zweite ist selbstständig tätig. Ihre Zahl stieg 2011 auf 58.000 freie Architekten und bewegte sich damit auf dem Niveau der Jahrtausendwende. Bauingenieure arbeiten seltener freiberuflich, etwa jeder Fünfte war hier sein eigener Chef. Laut der letzten Erhebung des Mikrozensus gab es 2011 31.000 selbstständige Bauingenieure in Deutschland, etwas weniger als im Vorjahr. Darüber hinaus waren 8.000 Bauingenieure im öffentlichen Dienst in einem Beamtenverhältnis tätig.

2011 gingen bei der Bundesagentur für Arbeit im Jahresverlauf 5.700 **Stellenmeldungen** für Bauingenieure ein. Dies entspricht einer Steigerung von 3 Prozent gegenüber dem Vorjahr. Ein ähnliches Stellenplus verzeichnete auch der *Adecco Stellenindex*, der insgesamt knapp 6.000 Stellenangebote für Architekten und Bauingenieure in Printmedien zählte. Die positive Entwicklung setzte sich mit abgeschwächter Dynamik im ersten Halbjahr 2012 fort – mit einem Anstieg der gemeldeten Stellen von 6 Prozent gegenüber dem Vorjahreszeitraum. Jeweils ein Viertel der bei der Bundesagentur gemeldeten Stellen kam aus Architektur- und Ingenieurbüros sowie der öffentlichen Verwaltung. 13 Prozent der Stellen boten einen Arbeitsplatz in einem Unternehmen der Zeitarbeit. Durchschnittlich 76 Kalendertage blieben gemeldete Stellenangebote für Bauingenieure 2011 unbesetzt. Die sogenannte Vakanzzeit, die die Zeitspanne vom gewünschten Besetzungstermin bis zur Abmeldung der Stelle bei der Arbeitsvermittlung umfasst, lag mit zwölf Tagen leicht über dem berufsunspezifischen Durchschnitt. Gegenüber dem Vorjahr war sie neun Tage höher. Im ersten Halbjahr 2012 stieg sie weiter leicht an auf 79 Tage.

Die **Nachfrage** nach abhängig beschäftigten Architekten und Innenarchitekten, gemessen an den gemeldeten Stellen, zog im vergangenen Jahr wieder stärker an. So gingen im Jahr 2011 2.300 Vakanzen für Architekten (+19 Prozent) und knapp 400 Stellen für Innenarchitekten (+6 Prozent) ein. Auch das erste Halbjahr 2012 verlief ähnlich. Im Vergleich zum ersten Halbjahr 2011 wurden 21 bzw. 18 Prozent mehr Stellenangebote zur Vermittlung gemeldet. Der *Adecco Stellenindex*, der regelmäßig Anzeigen in 40 Printmedien beobachtet, zählte im Jahr 2011 2.300 Stellen für Architekten. Auch hier verzeichnete man gegenüber dem Vorjahr eine Steigerung.

Bauingenieure konnten auch 2011 vom günstigen Zinsniveau für private Hausbauer und daraus resultierenden Investitionen profitieren. So waren im Jahresdurchschnitt 3.000 Bauingenieure arbeitslos, fast 17 Prozent weniger als im Vorjahr. Im Rückblick der letzten zehn Jahre gestaltete sich der **Abbau der Arbeitslosigkeit** sehr eindrucksvoll – sie ging um knapp 80 Prozent zurück. Im ersten Halbjahr 2012 setzte sich der erfreuliche Trend fort, wenn auch mit nachlassender Dynamik. Die Arbeitslosenzahl sank auf durchschnittlich 2.800 Bauingenieure. Bei Architekten und Innenarchitekten sank die Arbeitslosigkeit ebenfalls, und zwar um 16 Prozent gegenüber dem Vorjahr. 3.300 Arbeitslose wurden 2011 im Jahresdurchschnitt registriert. Das war der niedrigste Stand der letzten zehn Jahre. In den ersten sechs Monaten des Jahres 2012 setzte sich der Abbau der Arbeitslosigkeit fort. Durchschnittlich waren 2.500 arbeitslose Architekten und 500 Innenarchitekten auf Arbeitsuche. Die Arbeitslosenquote im Bereich Architektur und Bauingenieurwesen fiel mit 4,6 Prozent zwar höher aus als in anderen Ingenieurfachrichtungen, lag aber gleichzeitig deutlich unter der Gesamtarbeitslosenquote (9;5 Prozent).

Im Bereich der Architektur und des Bauingenieurwesens gibt es derzeit **keinen Fachkräftemangel**. Die Zahl der Arbeitslosen überstieg 2011 deutlich die Zahl der Stellenmeldungen. So standen im Jahresdurchschnitt 2011 insgesamt 6.300 Arbeitslose 2.100 gemeldeten Arbeitsstellen gegenüber. Rechnerisch kamen auf 100 gemeldete Stellen 299 arbeitslose Bewerber. Auch die eher unauffälligen Vakanzzeiten von 76 Tagen für Bauingenieure und 66 Tage für Architekten sprechen dafür, dass offene Stellen in der Regel in angemessener Zeit besetzt werden konnten.

Quelle: Statistik der Bundesagentur für Arbeit

Das zweite Jahr in Folge beendeten im Bereich Bauingenieurwesen wieder **mehr Absolventen** erfolgreich ihr Studium. Mit 5.400 Absolventen verzeichnete die Hochschulstatistik ein Plus von 5 Prozent gegenüber dem Vorjahr. Fast jeder Dritte hatte sein Studium mit einem Bachelorabschluss beendet und war beim Abschluss 25,9 Jahre alt. Die durchschnittliche Studiendauer lag bei 8,1 Semestern. Bachelor-Absolventen waren damit im Schnitt etwa zwei Jahre jünger als die Absolventen der Diplomstudiengänge mit 28,0 Jahren. 12 Prozent der Absolventen starteten mit einem Masterabschluss im Alter von nicht ganz 30 Jahren (29,6 Jahre) in das Berufsleben. Das Interesse an einem Studium des Bauingenieurwesens oder der Architektur steigt seit 2007 wieder an. Im Studienjahr 2011 / 12 gab es 17.900 **Neueinschreibungen** in einen Bauingenieurstudiengang, fast ein Viertel mehr als im Vorjahr. Der Frauenanteil betrug 26 Prozent und war damit so hoch wie in keinem anderen ingenieurwissenschaftlichen Fach. Die Steigerung in den Studiengängen der Architektur und Innenarchitektur fiel im Vergleich zu den Vorjahren schwächer aus. Hier wurden im Jahr 2010 / 11 10.400 Studienanfänger registriert, etwa 7 Prozent mehr als 2009 / 10.

Wie in den anderen Ingenieurfachrichtungen fiel die **Studienabbruchquote** im Bauingenieurwesen sehr hoch aus. An den Universitäten beendete jeder Zweite sein Bachelorstudium vorzeitig. Im Fachhochschulbereich fiel die Quote zwar besser aus. Mit einem Anteil von 36 Prozent Studienabbrechern besteht aber auch dort noch ein enormes Verbesserungspotenzial. In den herkömmlichen Diplom-Studiengängen beendete nach letzten Berechnungen des HIS jeder Fünfte sein Universitätsstudium ohne Abschluss (Fachhochschulen 30 Prozent).

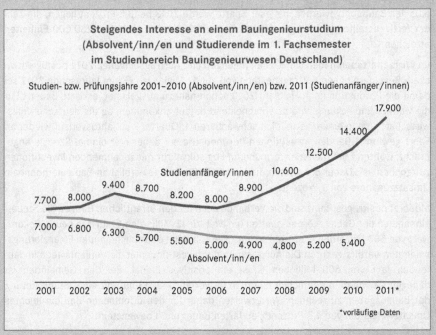

Steigendes Interesse an einem Bauingenieurstudium
(Absolvent/inn/en und Studierende im 1. Fachsemester
im Studienbereich Bauingenieurwesen Deutschland)

Studien- bzw. Prüfungsjahre 2001–2010 (Absolvent/inn/en) bzw. 2011 (Studienanfänger/innen)

Quelle: Statistik der Bundesagentur für Arbeit

2. Die aktuelle Situation der Branche/Ausblick

Die deutsche Bauwirtschaft bleibt auch vor dem Hintergrund eines labilen gesamtwirtschaftlichen Umfeldes positiv gestimmt. Die Präsidenten des Hauptverbandes der Deutschen Bauindustrie, Professor Dipl.-Kfm. Thomas Bauer, und des Zentralverbandes des Deutschen Baugewerbes, Dr.-Ing. Hans-Hartwig Loewenstein, erwarten für das Jahr 2013 ein nominales Wachstum der baugewerblichen Umsätze im deutschen Bauhauptgewerbe von 2 Prozent. „Damit stabilisiert sich die Baukonjunktur real auf Vorjahrsniveau", hieß es auf der gemeinsamen Jahresauftaktpressekonferenz in Berlin Anfang 2013. Nach dem starken Beschäftigungsaufbau in den Vorjahren (ein Plus von 40.000 Erwerbstätigen seit 2009) werde die Zahl der Beschäftigten im Bauhauptgewerbe 2013 im Jahresdurchschnitt mit 745.000 auf Vorjahresniveau liegen.

„Wachstumsmotor für das Bauhauptgewerbe wird – wie bereits in den Vorjahren – der **Wohnungsbau** bleiben. Alle wichtigen Rahmenbedingungen senden unverändert positive Signale", erklärte Loewenstein. Ein anhaltend hoher Beschäftigungsstand, steigende verfügbare Einkommen und historisch niedrige Hypothekenzinsen würden vor allem den Mietwohnungsneubau beflügeln. Hinzu komme die Attraktivität der deutschen Wohnimmobilien für Investoren auf der Suche nach wertbeständigen Kapitalanlagen. Das Umsatzplus des Bauhauptgewerbes in dieser Sparte werde 2013 bei 3,5 Prozent liegen, die Zahl der fertiggestellten Wohnungen nochmals deutlich zulegen und etwa 230.000 Einheiten erreichen.

Im **Wirtschaftsbau** haben sich Genehmigungen und Auftragseingänge 2012 positiv entwickelt. Bei einem hohen Auftragsbestand von gut 11 Milliarden € zum Jahresende 2012 sei damit die Produktion im 1. Halbjahr 2013 schon nahezu ausgelastet, erklärte Bauer. „Für die weitere Entwicklung wird es entscheidend darauf ankommen, ob die deutsche Volkswirtschaft – nach einem vermutlich schwächeren 1. Quartal – im Jahresverlauf wieder an Fahrt gewinnt." Bei den Investitionen der Industrie sei daher erst einmal Skepsis angebracht, während bei Dienstleistern und im Logistiksektor mit zunehmenden Investitionen zu rechnen sei. Daher erwarteten die Verbände für den gewerblichen Bau eine nominale Umsatzzunahme von 1 Prozent.

Moderat positiv gestimmt sind die Verbände auch für den **öffentlichen Bau**, da die Steuereinnahmen der Gebietskörperschaften um weitere 13 Milliarden € auf den neuen Rekordwert von 587 Milliarden € steigen sollen. „Der Bund hat den zunehmenden Finanzierungsspielraum bereits genutzt: Die Aufstockung der Investitionen in die Verkehrswege im laufenden Jahr von 600 Millionen € ist ein positives Signal. Bei den Gemeinden ist dagegen – nach dem deutlichen Einbruch im Vorjahr – 2013 nur mit einer Stabilisierung der Bauausgaben zu rechnen. Wir erwarten daher für den öffentlichen Bau ein leichtes Umsatzwachstum von 1,5 Prozent", erklärten Bauer und Loewenstein.

Ein weiteres Betätigungsfeld des Bauingenieurwesens im Bereich des konstruktiven Ingenieurbaus ist der **Brückenbau**. In diesem Bereich entwirft und berechnet der Bauingenieur Brückentragwerke für Verkehrswege und Versorgungsleitungen.

Baubetrieb und Bauleitung: Ein wichtiger Bereich des Bauingenieurwesens ist die baubetriebliche Betreuung eines Bauvorhabens. Der Bauingenieur übernimmt dabei die Projektleitung (oder Teile von ihr) und führt die Baumaßnahme durch die einzelnen Projektphasen. Er ist verantwortlich für die Koordination einzelner Gewerke und Bauabläufe sowie für die Einhaltung von festgelegten Bauzeiten (sogenanntes Controlling). Zu diesem Zweck bedient er sich zahlreicher Werkzeuge des Projektmanagements und übernimmt die Ablaufplanung und -steuerung. Bei anspruchsvollen Bauaufgaben, bei denen eine Vielzahl von Bauverfahren zur Anwendung kommen und Bauabläufe streng strukturiert sind (beispielsweise Taktplanung), übernehmen Bauingenieure die Bauleitung. Neben der Bauleitung zählten auch die Bauabrechnung und Ausschreibungsbearbeitung zu diesem Teilgebiet. Der Bauingenieur stellt Ausschreibungsunterlagen zusammen oder verfasst Angebote für Baumaßnahmen. Dabei kalkuliert er Baupreise und plant die Bauvorbereitung, Baustelleneinrichtung und Bauausführung. Während der Bauarbeiten bearbeitet er die Abrechnung und ist für die Nachtragsverwaltung verantwortlich. Nach Abschluss der Baumaßnahme verantwortet er die Kostenfeststellung.

Tiefbau: Hier werden alle Bauaufgaben behandelt, die im Erdreich oder mit dem Erdreich zu tun haben. Zu den Kernaufgaben zählt dabei der Erdbau, für dessen Ausführung Kenntnisse im Bereich der Bodenmechanik und der Wasserhaltung notwendig sind. Neben dem Erdbau spielt auch der Grundbau eine wesentliche Rolle, da in diesem Fall Gründungen für Hochbauten vom Bauingenieur entworfen werden und mit Hilfe der Baugrubensicherung die Erstellung dieser Gründungen möglich gemacht wird. Weiterhin gehören der Einbau und die Wartung aller erdverlegten Ver- und Entsorgungsleitungen zum Bereich des Tiefbaus. In diesem Fall müssen Gräben angelegt und gesichert werden und nach den Leitungsarbeiten wieder ordnungsgemäß verfüllt und verdichtet werden. Der Bauingenieur wählt hierfür geeignete Bauverfahren aus und verhindert so Setzungsschäden an umliegenden Gebäuden und Anlagen. Der Bauingenieur wird auch im Tunnel- und Stollenbau tätig. Dort beschäftigt er sich mit dem Vortrieb des Tunnelbauwerks und kümmert sich um die Erstellung aller beteiligten Bauwerke (wie etwa Bahnhöfe). Erdstatische Berechnungen verhindern den Einsturz des Tunnels und das Eindringen von Wasser.

3. Einstieg ins Berufsleben

Schon vor dem ersten Arbeitstag entscheidet sich häufig, wie der Einstieg ins Unternehmen stattfinden soll. Viele vor allem große Unternehmen bieten spezielle Trainee-Programme für Absolventen, deren späterer Einsatz noch nicht hundertprozentig feststeht. Wer die Gelegenheit zu einem solchen Programm bekommt, sollte dankbar zugreifen, da sich die Möglichkeit bietet, das Unternehmen umfassend kennenzulernen. Aber auch ein Direkteinstieg wird häufig durch intensive Einarbeitungsprogramme und Patenkonzepte unterstützt, die den neuen Mitarbeiter zügig und sicher an sein optimales Leistungsniveau heranführen sollen.

Beispiel Hochtief: Die Hochtief-Aktiengesellschaft ist der siebtgrößte Baudienstleister der Welt und in Deutschland Marktführer. Mit mehr als 80.000 Mitarbeitern und Umsatzerlösen von 23,28 Milliarden € im Geschäftsjahr 2011 ist das Unternehmen auf allen wichtigen Märkten der Welt präsent. 92 Prozent davon hat das Unternehmen außerhalb von Deutschland erwirtschaftet. Für Absolventen bieten sich Direkteinstieg und Trainee-Programm an. Ein Direkteinstieg richtet sich an Nachwuchskräfte, die genau wissen, wo ihre Interessen und Fähigkeiten liegen. Nach einer intensiven Einarbeitungsphase übernehmen sie schnell eigene Verantwortung. Ein Trainee-Programm ermöglicht durch individuell geplante Rotationen einen tiefen Einblick in unterschiedliche Tätigkeitsfelder. Als internationaler Konzern werden Nachwuchskräfte gesucht, die offen sind für neue Kulturen, gern im Team arbeiten und gut Englisch sprechen. Weitere Fremdsprachenkenntnisse sind von Vorteil. Derzeit kann in folgende Tätigkeitsfelder eingestiegen werden, die sich in der Mehrzahl auch für Ingenieure eignen:

- Bauleitung
- Planung, Consulting, Engineering
- Kaufmännische Projektleitung
- Projektentwicklung
- Facility Management
- Property Management
- Controlling und Rechnungswesen

- Finanzen
- Personal
- Strategie
- Einkauf
- Energy Management
- Rechtsreferendare

Perfekt auf den späteren Einstieg ausgerichtet ist ein duales Studium der Bauwirtschaft, das mit Hochtief als Arbeitgeber aufgenommen werden kann. Hier werden nicht nur die Praxisphasen absolviert, sondern das Unternehmen unterstützt auch beim Studium – etwa bei der Organisation eines Auslandspraktikums – und bietet die Möglichkeit, die Abschlussarbeit vor Ort zu schreiben. Durch den engen Kontakt zum Unternehmen während der gesamten Studienzeit fällt der Einstieg nach dem Studium entsprechend leicht.

 Web-Link

Nähere Informationen und Bewerbung unter: www.hochtief.de/hochtief/6.jhtml

Beispiel Bilfinger: Als Engineering- und Servicekonzern entwickelt, errichtet, wartet und betreibt Bilfinger Anlagen und Bauwerke für Infrastruktur, Immobilien, Industrie und Energiewirtschaft. Weltweit beschäftigt der Konzern rund 60.000 Mitarbeiter, die 2012 eine Leistung von rund 8,5 Milliarden € erwirtschafteten. Das Unternehmen expandiert und setzt bei der Übernahme von Firmen vor allem auf die Energiewende. Im Dezember 2012 übernahm Hochtief den Leittechnikspezialisten Helmut Mauell GmbH, der bei der prozesstechnischen Auslegung und Ausstattung moderner Kraftwerke eine führende Position einnimmt. Die Gesellschaft mit Sitz in Velbert/Wuppertal erbringt mit 460 Mitarbeitern eine Leistung von rund 60 Millionen €. Nachdem Bilfinger erst im Sommer 2012 seinen Kraftwerksservice durch die Akquisition des Engineering-Spezialisten Envicon technologisch ausgebaut hatte, dient die Übernahme von Mauell der Erweiterung des Portfolios. Die Gesellschaft entwickelt und produziert komplette Systeme für die Kraftwerksleittechnik, die Steuerung von Stromübertragungsnetzen sowie für die technische Ausrüstung von Leitwarten in Kraftwerken. An Absolventen werden folgende Anforderungen gestellt:

- guter Studienabschluss an einer Uni, TH, TU, FH oder BA
- zielgerichtetes, zügiges Studium
- gute Sprachenkenntnisse in mindestens einer Fremdsprache
- Auslandserfahrungen und/oder Praktika
- Flexibilität, Mobilität und die Bereitschaft zur Weiterentwicklung
- soziale Kompetenz
- Leistungsbereitschaft und Engagement

Die Bilfinger Industrial Services GmbH als Teilbereich des Konzerns sucht zum Beispiel vor allem Absolventen der Fachrichtungen Verfahrenstechnik, Maschinenbau, Elektrotechnik und Chemie, während die Bilfinger Construction GmbH mit ihren hochspezialisierten Einheiten wie Verkehrswegebau, Brückenbau, Tunnelbau, Spezialtiefbau oder Ingenieurwasserbau maßgeschneiderte Lösungen für die unterschiedlichsten Arten technischer Infrastruktur entwickelt und entsprechend spezialisierte Baufachleute sucht. Auch Bilfinger Project Investments als Investor, Projektentwickler und Betreiber von großen Infrastrukturprojekten ist stets auf der Suche vor allem nach Wirtschaftsingenieuren und Bauingenieuren mit Schwerpunkten in den Bereichen Projektfinanzierung, Wirtschaftswissenschaften und Baumanagement. Die Bilfinger Hochbau GmbH schließlich entwickelt, plant, baut und saniert alle gängigen Immobilienarten für private sowie öffentliche Auftraggeber. In Deutschland realisiert das Unternehmen jährlich Projekte im Gesamtwert von rund 500 Millionen €. Meistgesuchte Qualifikation ist die von Bauingenieuren mit Kenntnissen in Bauausführung, Planung oder Spezialgewerken, Experten aus dem Bereich Technische Gebäudeausrüstung oder der energetischen Sanierung.

Je nach Unternehmensbereich werden verschiedenste Einstiegsmöglichkeiten vom Trainee bis hin zum Direkteinstieg mit On-the-Job-Programm für Hochschulabsolventen der Ingenieur- und Wirtschaftswissenschaften geboten. Nach dem Einstieg gibt es keinen festen, vordefinierten Karriereweg, sondern vielfältige Aufgaben und verantwortungsvolle Projekte, die eine flexible, konzern- und fachübergreifende Entwicklung ermöglichen. Den Karriereprozess begleitet die zentrale Führungskräfteentwicklung der Bilfinger SE. Neben einem jährlichen Review aller Führungskräfte und potenzieller Nachwuchskräfte bietet sie konzernübergreifende Qualifikationsprogramme für alle Führungskreise an, wobei sie mit renommierten Anbietern wie der Mannheim Business School kooperiert. Bei diesen Veranstaltungen steht neben der Weiterbildung auch der Austausch mit dem Vorstand und anderen Top-Führungskräften im Vordergrund. Ein Trainee-Programm bietet beispielsweise die Babcock Borsig Steinmüller GmbH an den Standorten Oberhausen und Peitz. Hierfür können sich Absolventen der Fachrichtungen Ingenieurwissenschaften, Energietechnik, Verfahrenstechnik, Umwelttechnik, Konstruktionstechnik und Maschinenbau bewerben.

>< Web-Link
Nähere Informationen und Bewerbung unter: www.bilfinger.com/de/karriere/

Beispiel Eurovia: Eurovia ist eine Tochtergesellschaft des VINCI-Konzerns und mit rund 40.000 Mitarbeitern weltweit ein führendes Unternehmen im Verkehrswegebau.

Mit Hauptsitz in Frankreich verfügt das Unternehmen in 18 Ländern – in Europa sowie in Indien, Nord- und Südamerika – über ein Verbundnetz von 300 Niederlassungen, 1.000 Baustoffproduktionsstätten und Logistikzentren für die Gesteinsversorgung. Damit steht allen Tochterunternehmen ein über Jahrzehnte erworbenes Know-how zur Verfügung. Von der Rohstoffgewinnung über die Produktion von Straßenmaterialien und die eigentliche Bauausführung bis hin zur Straßenbewirtschaftung deckt Eurovia die komplette Wertschöpfungskette ab, um den aktuellen und künftigen Ansprüchen der Kunden und Verkehrsteilnehmer zu entsprechen. In Deutschland entstand die GmbH im Jahre 1999 durch die Zusammenführung der Geschäftsbereiche der 1918 gegründeten Teerbau GmbH und der seit 1953 bestehenden VBU Verkehrsbau Union GmbH. Mit knapp 4.000 Mitarbeitern wurde 2011 eine Leistung von 918 Millionen € erzielt.

Eurovia bietet Hochschulabsolventen aus den Bereichen Bauingenieurwesen, Wirtschafts-ingenieurwesen und wirtschaftswissenschaftlichen Studiengängen die Möglichkeit eines Direkteinstiegs sowie den Karrierebeginn über ein Trainee-Programm. Dabei gibt es keine festen Bewerbungstermine, es wird fortlaufend eingestellt. Trainee-Programme können in einer technischen oder kaufmännischen Richtung absolviert werden. In zwei bis drei Jahren werden die Trainees schrittweise durch die Übernahme von Fach- und Führungsaufgaben auf einen späteren Einsatz vorbereitet. Dabei unterstützen vor Ort die Führungskräfte, ergänzt durch eine kontinuierliche individuelle Qualifizierung. Für das technische Trainee-Programm werden Hochschulabsolventen der Fachrichtungen Bauingenieurwesen, Wirtschaftsingenieurwesen oder vergleichbare Abschlüsse gesucht. Je nach den individuellen Fähigkeiten und Interessen kann man die Richtung Bauleiter, Kalkulator etc. in einem der Geschäftsbereiche einschlagen und dabei beispielsweise zwischen Asphaltstraßenbau, Betonstraßenbau oder konstruktivem Ingenieurbau wählen. Wer eher in den Vertrieb einsteigen möchte, kann zwischen den Trainee-Programmen zum Vertriebsingenieur in einer der Mischanlagen oder zum Beratungsingenieur in der Materialprüfung wählen.

⚅ Web-Link
Nähere Informationen und Bewerbung unter: www.eurovia.de/karriere.html

4 Existenzgründung

Die Gründung eines Unternehmens kann eine sinnvolle und lohnende Alternative zu einer abhängigen Beschäftigung sein. Gar nicht so selten machen sich bereits junge Leute während des Studiums nebenbei selbstständig, oft zusammen mit Kommilitonen. Der Vorteil dieser Selbstständigkeit kann darin bestehen, nach dem Studium in größerem Umfang starten zu können, weil wichtige Voraussetzungen für einen geschäftlichen Erfolg bereits vorhanden sind. Doch die Regel ist dies natürlich nicht. Die meisten Existenzgründer beginnen ihre berufliche Laufbahn in einem Unternehmen und sammeln dort wertvolle Erfahrungen in fachlicher und unternehmerischer Hinsicht. Früher oder später kann sich der Wunsch nach Selbstständigkeit ausprägen – im Folgenden seien einige Anregungen und Tipps zur Unternehmensgründung aufgezeigt.

4.1 Gründungstrends

Insgesamt kann der Weg in die Selbstständigkeit gegenwärtig holprig sein. Das jedenfalls stellte die Förderbank KfW in ihrem **„Gründungsmonitor 2013"** fest, in dem das Gründungsgeschehen des Jahres 2012 und dessen Ursachen beleuchtet werden. Demnach setzte sich der Rückgang der Gründungsaktivität fort: Im Jahr 2012 haben sich erneut weniger Menschen in Deutschland selbstständig gemacht (minus 7 Prozent gegenüber 2011). Mit 775.000 Gründern wurde der niedrigste Stand seit dem Start der Befragung im Jahr 2000 erreicht. Insbesondere die jüngsten Änderungen in der Existenzgründungsförderung durch die Bundesagentur für Arbeit (BA) war der Hauptgrund dafür. Auch im laufenden Jahr 2013 dürfte eine spürbare Belebung der Gründungsaktivität ausbleiben, stellen die Autoren des Monitors fest. Da Gründer ein wichtiger Faktor für den Beschäftigungsmarkt sind, ging durch den Rückgang der Gründerzahl der direkte Beschäftigungseffekt deutlich zurück: Von Neugründern wurden 2012 insgesamt 383.000 Vollzeitstellen geschaffen, was 14 Prozent weniger waren als 2011. Davon entfielen 212.000 Stellen für die Gründer im Vollerwerb selbst und 171.000 für angestellte Mitarbeiter.

Einen Lichtblick gibt es allerdings: 47 Prozent der Gründer im Jahr 2012 gegenüber 35 Prozent im Jahr davor gaben an, mit ihrem Gründungsprojekt eine explizite Geschäftsidee umzusetzen und damit bewusst eine Chance wahrzunehmen. „Chancengründungen versprechen auf Dauer nachhaltiger zu sein als andere Gründungen", sagt Dr. Zeuner, Chefvolkswirt der KfW Bankengruppe, anlässlich der Vorstellung der jährlichen, repräsentativen Analyse zum Gründergeschehen in Deutschland in Frankfurt am Main. Ein weiterer Trend betrifft Gründungen in Freien Berufen: Im Jahr 2012 ist der Anteil von Gründern in den **Freien Berufen** auf 39 Prozent gestiegen. 2011 waren es noch 36 Prozent. Vor allem im mittelfristigen Vergleich mit dem Jahr 2005 zeigt sich, dass sich hier tatsächlich der Schwerpunkt der Gründungen herauszubilden scheint. Während es damals lediglich 187.000 Starts in diesem Bereich gab, waren es 2012 schon 303.000. „Die bemerkenswerte Zunahme von Gründern mit beratenden und erzieherischen Tätigkeiten zeigt, wie das Angebot auf die veränderte Nachfrage einer Wissensökonomie reagiert", sagt Dr. Zeuner. Damit entwickeln sich die Freien Berufe gegen den Rückwärtstrend. Der ist unter anderem einer Reihe von **Hemmnissen** geschuldet. Die Mehrjahresanalyse zeigt, dass die Angst vor der Bürokratie, die Sorge um die Belastungen für die eigene Familie sowie das mit der Selbständigkeit verbundene finanzielle Risiko von mehr Vollerwerbsgründern als vor fünf Jahre problematisch gesehen werden. Dies geht einher mit einem höheren Anteil von Gründern, die über Finanzierungsschwierigkeiten berichten – im Voll- und im Nebenerwerb. Dabei gilt: Je höher der Finanzierungsbedarf ist, desto wahrscheinlicher werden Finanzierungsschwierigkeiten. Was das Einkommen von Gründern betrifft, liegt es durchschnittlich etwas höher als bei Arbeitnehmern, angesichts ihrer hohen Wochenstundenzahl von etwa 48 Stunden ist ihr rechnerischer Stundenlohn aber oftmals sehr niedrig. Die Selbstständigkeit zahlt sich dennoch für viele Gründer aus: Insgesamt hat sich für 42 Prozent der Gründer die Einkommenssituation ihres Haushaltsnettos verbessert. Nur 16 Prozent berichten von einer Verschlechterung.

4.2   Erste Schritte zur Orientierung

Wer den Gedanken an berufliche Selbstständigkeit ernsthaft erwägt, braucht zuallererst jede Menge **Informationen**. Die kann man sich im Internet etwa auf den Gründerseiten des Bundesministeriums für Wirtschaft und Technologie (BMWi) beschaffen, auf den Existenzgründerseiten der Länder wie des Hessischen Ministeriums für Wirtschaft, Verkehr und Landesentwicklung (www.existenzgruendung-hessen.de) oder des Bayerischen Staatsministeriums für Wirtschaft, Infrastruktur, Verkehr und Technologie (www.startup-in-bayern.de), bei der zuständigen Industrie- und Handelskammer oder auch auf den Seiten der KfW Mittelstandsbank.

 Web-Link
Nähere Informationen unter: www.existenzgruendung-hessen.de und www.startup-in-bayern.de.

Auch Berufsverbände, Kammern und ähnliche Interessenvereinigungen bieten häufig Online-Informationen. Dort bekommt man auch gedrucktes Informationsmaterial oder kann persönliche Beratungstermine vereinbaren – je nachdem, welcher Typ man ist. Neben so grundlegenden Informationen zu Themen wie

- Businessplan,
- Finanzierung und Förderung,
- Recht und Steuern

sind hier auch spezielle Brancheninformationen erhältlich oder Tipps zum Weg durch den Behörden- und Anmeldungs-Dschungel.

Formen der Unternehmensgründung

Es gibt mehr Wege in die Selbstständigkeit als so mancher glaubt. Der klassische ist die **Neugründung**. Bei einer Neugründung startet man bei null, es bietet sich aber auch die einmalige Chance, ein Unternehmen nach den eigenen Vorstellungen aufzubauen. Gründliche Vorbereitung, eine überzeugende Geschäftsidee, ein durchdachter Businessplan und nicht zuletzt der Wille zum Erfolg sind dafür die wichtigsten Voraussetzungen.

Viele Probleme und Risiken können vermieden werden, wenn man ein fertiges Konzept kauft. Das System heißt **Franchising** und wird heute in vielen Branchen praktiziert. Beim Franchise-Verfahren liefert ein Unternehmen – der Franchise-Geber – Name, Marke, Know-how und Marketing. Gegen Gebühr räumt er dem Franchise-Nehmer das Recht ein, seine Waren und Dienstleistungen zu verkaufen. Er bietet dafür die Gewähr, dass kein anderer Franchise-Nehmer in seinem Gebiet einen Betrieb eröffnet. Nachteil: Ein Franchise-System legt die unternehmerische „Marschroute" sehr genau fest.

Bei einer **Unternehmensnachfolge** wird ein bestehendes und funktionierendes Unternehmen übernommen und weitergeführt. Geschäftsidee, Kunden und Lieferanten sind vorhanden, das Unternehmen ist am Markt etabliert, die Mitarbeiter sind eingearbeitet. Vom ersten Tag der Übernahme an kann Umsatz gemacht werden. Nachteil: Die Erwartungen an den neuen Chef sind hoch, ein langsames Hineinwachsen meist nicht möglich.

Teamgründungen sind bei jungen Leuten besonders beliebt, weil hier die Kompetenzen mehrerer Leute zum Tragen kommen und das Risiko auf mehrere Schultern verteilt wird. Zu viele Partner erschweren allerdings Entscheidungsprozesse.

Eine gute Möglichkeit mit vermindertem Risiko zu starten sind **Teilzeit- und Kleinstgründungen**. Üblicherweise sind die Gründer angestellt und haben noch andere Einnahmequellen, so dass die Neugründung nicht als Haupterwerb gewertet wird. Der Nebenerwerb muss mit dem Arbeitgeber abgestimmt sein und darf sich weder zeitlich noch inhaltlich mit dem Haupterwerb überschneiden.

Bin ich ein Unternehmer-Typ?

Über diese Frage muss im Vorfeld sehr ernsthaft nachgedacht und am besten mit anderen Menschen diskutiert werden. Neben sehr gutem fachlichem Wissen ist eine Reihe von Eigenschaften hilfreich, ohne die es wahrscheinlich sehr schwer fällt den hohen Anforderungen gerecht zu werden. Am besten ist es einen der Unternehmer-Tests zu absolvieren, die online etwa beim BMWi unter www.existenzgruender.de absolviert werden können. Folgende Eigenschaften sind unabdingbar:

- Ehrgeiz
- Einsatzbereitschaft
- Risikobereitschaft
- Belastbarkeit
- berufliche Qualifikationen

- Kreativität
- berufliche Erfahrung
- Verantwortungsbewusstsein
- Führungserfahrung
- familiäre Unterstützung

Nach einer Untersuchung der KfW Bankengruppe stehen die folgenden „Pleite-Ursachen" fast alle direkt oder indirekt mit der Gründer-Person in Verbindung:

- Finanzierungsmängel
- Informationsdefizite
- fehlende kaufmännische Kenntnisse
- Planungsmängel
- Familienprobleme
- Überschätzung der Leistungsfähigkeit des Betriebes

Gewerbe, Handwerk oder Freier Beruf?

Freie Berufe sind alle diejenigen, die zur Ausübung keine Gewerbeanmeldung benötigen. Eine einheitliche Definition gibt es nicht. Üblicherweise zählen zu den freien Berufen (Quelle: IHK Berlin):

- Ärzte
- Zahnärzte
- Rechtsanwälte
- Notare
- Patentanwälte
- Vermessungsingenieure
- Ingenieure
- Architekten
- Handelschemiker
- Wirtschaftsprüfer
- Steuerberater
- beratende Volks- und Betriebswirte
- vereidigte Buchprüfer (vereidigte Bücherrevisoren)
- Steuerbevollmächtigte
- Heilpraktiker
- Dentisten
- Krankengymnasten
- Journalisten
- Bildberichterstatter
- Dolmetscher
- Übersetzer
- Lotsen
- und ähnliche Berufe.

Gut unterschieden werden muss auch zwischen **Gewerbe- und Handwerksbetrieb.** Zum einen benötigen viele Gewerke einen Meister, um sich in die Handwerksrolle eintragen zu können. Ingenieure erfüllen meistens auch die Voraussetzungen dafür. Existenzgründer sollten sich vor Aufnahme einer handwerklichen Tätigkeit zudem genau informieren, ob diese Tätigkeit zulassungspflichtig, zulassungsfrei, handwerksähnlich oder möglicherweise überhaupt kein Handwerk, sondern ein Gewerbe aus dem Bereich Industrie, Handel oder Dienstleistung ist. Denn danach bestimmt sich am Ende auch, ob eine Zugehörigkeit zur Handwerkskammer, zur Industrie- und Handelskammer oder aber in Einzelfällen zu beiden Kammern (sog. Mischbetrieb) vorliegt.

4.3 Die Planung der Selbstständigkeit

Der Businessplan

Der Businessplan ist das Kernstück der Vorbereitung auf eine Unternehmensgründung. Er sollte selbst dann erstellt werden, wenn kein fremdes Geld benötigt wird. Er ist ein schriftliches, relativ umfassendes Unternehmenskonzept, das den Unternehmensgegenstand, die Produkte und relevanten Märkte sowie die Ziele und Strategien des Unternehmens prägnant und anschaulich beschreibt. Im Mittelpunkt der Betrachtung steht die **zukünftige Unternehmensentwicklung**. Sowohl die Potenziale als auch die Risiken müssen fester Bestandteil des Businessplans sein. Das Konzept sollte einen zeitlichen Horizont von drei bis fünf Jahren abdecken. Ohne einen professionell erstellten Businessplan sind erfolgreiche Verhandlungen mit Kapitalgebern kaum möglich. Sowohl den Inhalten und sprachlichen Formulierungen als auch der ansprechenden Aufbereitung und Gestaltung kommen daher höchste Bedeutung zu. Wer zum ersten Mal einen Businessplan erstellt, sollte sich Hilfe dafür sichern. In jedem Bundesland gibt es zahlreiche Stellen, die hier Unterstützung anbieten.

Beispiel Berlin:

- Online kann der Plan unter www.gruendungswerkstatt-berlin-brandenburg.de erarbeitet werden, bei Fragen hilft ein Tutor der IHK Berlin.

- Auf den Seiten des Businessplan-Wettbewerbs Berlin-Brandenburg (BPW) www.b-p-w.de findet sich umfängliches Informationsmaterial, darunter das Handbuch zum Businessplan zum kostenfreien Download.

- In Seminaren und Workshops kann man Wissen zur Gründung und zum Verfassen des Businessplans erwerben. In der Weiterbildungsdatenbank Berlin-Brandenburg auf www.wdb-berlin.de finden sich passende Angebote.

- Wer persönliche Hilfe benötigt, kann zur Beratersuche den Bundesverband der deutschen Unternehmensberater (www.bdu.de), die Steuerberaterkammer (www.stbk-**berlin**.de) oder auch die Beraterbörse der KfW (https://beraterboerse.kfw.de) nutzen.

Die Finanzierung des Vorhabens

Ebenfalls mehr als ein Augenmerk sollte auf die Finanzierung des Unternehmensstarts gelegt werden. In sehr vielen Fällen scheitern Gründungen, weil der finanzielle Rahmen zu eng kalkuliert wurde und Liquidität fehlt. Zunächst einmal muss sich jede Finanzierung immer am **Bedarf des Gründers und seines Vorhabens** orientieren. Folgende Fragen müssen geklärt werden:

- Handelt es sich um eine Kleingründung oder Nebenerwerbsgründung?

- Handelt es sich um eine Gründung im Handel oder im handwerklichen, industriell-gewerblichen oder im freiberuflichen Bereich?

- Kommt der Gründer aus der Forschung und will ein Hightech- oder Lifescience-Unternehmen gründen?

- Handelt es sich um eine Unternehmensnachfolge, bei der der Kaufpreis oder die Auszahlung an den bisherigen Eigentümer oder an die Erben mitfinanziert werden müssen?

- Soll das Unternehmen schnell wachsen und einen hohen Marktanteil in seinem Segment anstreben?

- Oder handelt es sich um eine freiberufliche Praxis, die nur langsam und in Maßen wachsen wird?

Die Höhe des Finanzbedarfs sollte weder zu knapp bemessen sein, um Durststrecken verkraften zu können, noch unnötige Anschaffungen beinhalten.

> **TIPP** Für den Start reicht es oft aus, nicht die allerneuesten, sondern gebrauchte oder gemietete Maschinen oder Büroausstattungen zu verwenden.

Trotz aller Einschränkung wird in vielen Fällen das **Eigenkapital** nicht ausreichen, um das Vorhaben komplett zu stemmen. Dann muss **Fremdkapital** beschafft werden, wofür allerdings in aller Regel ebenfalls der Einsatz eigener Mittel vorausgesetzt wird. Neben **öffentlichen Kapitalgebern**, also Bund und Länder, die vielseitige Programme zu günstigen Konditionen anbieten, um den besonderen Anforderungen von Existenzgründern und Unternehmern Rechnung zu tragen, bieten auch **Banken und Sparkassen** eigene Kredite für Existenzgründer an. Ein wichtiger Partner für kapitalintensive und schnell wachsende Unternehmen sind mittelständische Beteiligungsgesellschaften und privatwirtschaftliche Kapitalgeber: Venture Capital-Gesellschaften oder Business Angels. Auch stille Teilhaber kommen als Kapitalgeber in Frage.

Typische **Finanzierungsfehler** sind:

- zu wenig Eigenkapital
- keine rechtzeitigen Verhandlungen mit der Hausbank
- Verwendung des Kontokorrentkredits zur Finanzierung von Investitionen
- hohe Schulden bei Lieferanten
- mangelhafte Planung des Kapitalbedarfs
- öffentliche Finanzierungshilfen nicht beantragt bzw. deren Tilgung nicht berücksichtigt
- finanzielle Überlastung durch scheinbar günstige Kredite

Wichtiger staatlicher Finanzierungspartner ist die KfW. Auf www.kfw.de sind alle aktuellen Förderprogramme speziell für Gründer erklärt. Ein Online-Produktfinder unterstützt die Suche. Wer weitere Hilfe benötigt, kann telefonieren, eine Mail verschicken oder auch einen Beratungstermin bei bis zu drei potenziellen Finanzierungspartnern in der Umgebung des neuen Unternehmens stellen.

 Web-Link
Nähere Informationen unter: www.kfw.de

Das **ERP-Kapital für Gründungen** fördert mit bis zu 500.000 Euro Kredit

- Investitionen
- Material- und Warenlager (in der Regel nur Erstausstattung)
- erste Messeteilnahme
- Kauf eines Unternehmens oder Unternehmensanteils

und ist derzeit für 0,85 Prozent Sollzins zu haben. 10 Prozent Eigenmittel sind erforderlich.

Der **ERP-Gründerkredit Startgeld** stellt bis zu 100.000 Euro Kredit bereit. Das Besondere: Da die KfW 80 Prozent des Kreditausfallrisikos von der Hausbank übernimmt, sind die Banken bei der Vergabe großzügig. Er ist ab 3,09 Prozent effektiver Jahreszins zu bekommen, Eigenmittel sind nicht erforderlich. Gefördert werden

- Investitionen
- Betriebsmittel (Mittel zur Gewährleistung des laufenden Betriebes)
- Kauf eines Unternehmens oder Unternehmensanteils

Wie beim ERP-Kapitel werden Existenzgründer (auch Freiberufler), Unternehmensnachfolger und junge Unternehmen bis zu drei Jahren ab Gründung gefördert.

Bis zu zehn Millionen Euro Kredit bietet der **ERP-Gründerkredit Universell** für die gleichen Zwecke wie **Startgeld**. Das Besondere: Er kann für Laufzeiten von bis zu 20 Jahre vereinbart werden und umfasst bis zu drei tilgungsfreie Anlaufjahre. Zudem ist er flexibel kombinierbar mit anderen Fördermitteln.

Das Bankgespräch

Um auf die unausbleiblichen Fragen des Bankberaters die richtigen Antworten zu haben, sollten lieber zu viele als zu wenige **Unterlagen** für das Gespräch vorbereitet werden. Wer sich vorher mit seinem Berater abstimmt, spart sich unnötige Arbeit. Vor allem wird der Businessplan eine Rolle spielen, bei Geschäftsübernahmen auch die Jahresabschlüsse der letzten drei Jahre, EKW-Abrechnung, Umsatz-, Kosten- und Ertragsplanung für das laufende und die kommenden ein bis drei Jahre, Liquiditätsplanung für die nächsten sechs bis zwölf Monate sowie die Investitions- und Kapitalbedarfsplanung. Ein zentrales Thema bei jeder Kreditverhandlung sind **Sicherheiten**. Wer selbst keine werthaltigen Sicherheiten stellen kann, hat die Möglichkeit einer Bürgschaft durch die Bürgschaftsbank des betreffenden Bundeslandes. Aber auch Sicherheiten in Form von Grundpfandrechten, Sicherungsübereignungen etwa von Fahrzeugen, Warenlägern u. ä. sowie Sicherungsabtretungen von Forderungen sind möglich.

> **TIPP** Was die Bank konkret bevorzugt, muss vorher abgeklärt werden.

Beim **Unternehmensrating** stellt die Bank fest, welche Risiken die Kreditvergabe für sie birgt und was diese kosten (würden). „Faustregel: Je besser also die Bonität eines Kunden ist und je mehr Sicherheiten vorhanden sind, desto geringer sind die Risikokosten für die

Bank und ist damit in der Regel auch der Kreditzins", fasst der Bundesverband Deutscher Banken in seiner Broschüre „Rating" zusammen. Verantwortlich für den Ratingprozess ist nicht der Berater, sondern sind interne Stellen der Bank, die in ihrer Beurteilung strengen gesetzlichen Anforderungen genügen und die Größe des Unternehmens sowie die konkreten Bedingungen der Branche berücksichtigen müssen.

> **ACHTUNG** Auch die Zuverlässigkeit und Seriosität des Antragstellers etwa bei der Bereitstellung der nötigen Informationen beeinflusst das Rating! Daher lohnt es sich hier sehr kooperativ und exakt zu sein.

 Web-Link

Die Broschüre „Rating" kann unter www.bankenverband.de bei „Publikationen" heruntergeladen werden.

Fragen des Bankberaters, mit denen man rechnen muss

- Welches Unternehmensziel verfolgen Sie?
- Haben Sie ein Alleinstellungsmerkmal, füllen Sie eine Marktlücke?
- Wie gestalten sich die Zukunftstrends Ihres Absatzmarktes?
- Welche Absatzkanäle haben Sie, welches Marketing verfolgen Sie?
- Welches Forderungsmanagement betreiben Sie?
- In welcher Höhe wollen/müssen Sie investieren oder umstrukturieren?
- Wie hoch werden die laufenden Kosten sein?
- Welche Eigenmittel stehen zur Verfügung?
- An welche öffentlichen Kredite und an welche Bankkredite hatten Sie gedacht?
- Welche Sicherheiten stehen Ihnen frei zur Verfügung?
- Mit welchen Planergebnissen rechnen Sie und warum in dieser Höhe?

Versicherungen für Existenzgründer

Die richtige private und betriebliche Absicherung gehört zu den Pflichten jedes Unternehmensgründers. Grundsätzlich darf hier nicht an wichtigen Policen gespart werden, weil sich das katastrophal auf Unternehmen und Gründer auswirken kann. Privat sind – neben weiteren Privatpolicen wie der Privathaftpflichtversicherung – eine Krankenversicherung erforderlich. Falls man nicht in der gesetzlichen Kasse bleiben kann, eine Berufsunfähigkeits-Versicherung sowie wünschenswerterweise eine Krankentagegeldversicherung. Diese sind darauf ausgerichtet, die Arbeitskraft des Firmeninhabers zu erhalten, wiederherzustellen bzw. einzuspringen, wenn sie dauerhaft nicht wiederhergestellt werden kann. Auf weiteren Schnickschnack kann verzichtet werden. Die Absicherung des Betriebes hängt maßgeblich vom Unternehmen ab. Ein globaler Rat kann hier nicht gegeben werden. Man sollte aber unbedingt den Rat eines unabhängigen Vermittlers suchen, also eines Versicherungsmaklers oder eines Versicherungsberaters. Von Selfmade-Lösungen ist in den meisten Fällen ebenso abzuraten wie von Online-Abschlüssen oder einem Versicherungsvertreter, der nur die Produkte eines Unternehmens anbietet.

Lassen Sie sich beraten!

Beratung ist in allen Phasen der Gründung wünschenswert und erforderlich. Manches kann der Steuerberater abdecken, auch IHK und KfW stehen Gründern zur Seite. Manchmal aber ist auch eine professionelle Unternehmensberatung sinnvoll. Vorteil: Beratungsleistungen für Gründer werden auf vielfältige Art gefördert, so dass man sich vor finanziellen Hürden nicht fürchten muss. Folgende Formen gibt es:

- Förderung durch das **Amt für Wirtschaft und Ausfuhrkontrolle** (BAFA): Das Programm unterstützt die Förderung unternehmerischen Know-hows für kleine und mittlere Unternehme sowie Freier Berufe durch Unternehmensberatungen. Mit dieser Beratungsförderung können Unternehmen sowie Angehörige der Freien Berufe, die seit mindestens einem Jahr am Markt tätig sind, einen Zuschuss von bis zu 1.500 Euro zu den Kosten erhalten, die ihnen durch die Inanspruchnahme einer Beratung entstehen (www.bafa. de).

- Das **Gründercoaching Deutschland** der KfW Bankengruppe übernimmt bei der Finanzierung eines Unternehmensberaters für bestimmte Coachingbereiche innerhalb der ersten fünf Jahre der Selbständigkeit bis zu 50 Prozent der Kosten (www.kfw.de).

- Der neue **Coaching Bonus** führt seit Anfang 2013 die vorherigen Coachingmöglichkeiten über das Technologie Coaching Center (TCC) für technologieorientierte, innovative Gründungen und Technologieunternehmen sowie über das Kreativ Coaching Center (KCC) für Gründer-Unternehmen in der Kreativwirtschaft zusammen (www.coachingbonus.de)

 Web-Link
Nähere Informationen unter: www.bafa.de, www.kfw.de und www.coachingbonus.de.

4.4 Der Start in die Selbstständigkeit

Wer ein Unternehmen gründet, muss vorher eine Reihe von Behörden darüber informieren. Für Gewerbebetriebe (siehe Abschnitt „Gewerbe, Handwerk oder Freier Beruf?") ist dies an erster Stelle das **Wirtschafts- oder Gewerbeamt** der Gemeinde, in dem sich das Unternehmen befindet. Eine Gewerbeanmeldung müssen auch nebenberuflich Selbstständige vornehmen. Keine Gewerbeanmeldung benötigen Freie Berufe (siehe Abschnitt „Gewerbe, Handwerk oder Freier Beruf?") sowie Betriebe der Land- und Forstwirtschaft. Durch die Gewerbeanmeldung werden folgende Stellen automatisch informiert:

- das Finanzamt
- die Berufsgenossenschaft
- das Statistische Landesamt

- die Handwerkskammer (bei Handwerkstätigkeiten)
- die Industrie- und Handelskammer
- das Handelsregistergericht (bei Rechtsformen, die im Handelsregister eingetragen werden)

Dennoch sollte man bei einigen dieser Stellen auch selbst nachfragen, ob alles seinen Gang geht. Vor allem mit dem Finanzamt ist nicht zu spaßen.

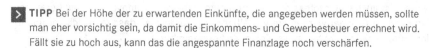

> **TIPP** Bei der Höhe der zu erwartenden Einkünfte, die angegeben werden müssen, sollte man eher vorsichtig sein, da damit die Einkommens- und Gewerbesteuer errechnet wird. Fällt sie zu hoch aus, kann das die angespannte Finanzlage noch verschärfen.

Bei der **Berufsgenossenschaft** müssen Mitarbeiter angemeldet werden, auch der Chef ist hier oft unfallversichert. Wenn nicht, kann man sich freiwillig versichern, was unbedingt angeraten ist. Wer Arbeitnehmer beschäftigt, benötigt eine Betriebsnummer vom Betriebsnummern-Service der **Bundesagentur für Arbeit** in Saarbrücken. Die Betriebsnummer ist in die Versicherungsnachweise Ihrer Arbeitnehmer einzutragen. Schließlich müssen die Mitarbeiter bei ihrer **Krankenkasse** angemeldet werden, damit die Beitragsabführung überwacht und abgeführte Beiträge dem einzelnen Versicherten zugeordnet werden können.

4.5 Existenzgründung aus der Arbeitslosigkeit heraus

Wer arbeitslos ist und ein Unternehmen gründen möchte, kann staatliche Hilfen in Anspruch nehmen.

ACHTUNG Die Existenzgründung wegen Arbeitslosigkeit ist nur der zweitbeste Weg. Nur wenn alle anderen Voraussetzungen erfüllt sind und die Motivation stimmt, stellt sich auch der Erfolg ein.

Die Arbeitsagentur kann zur Sicherung des Lebensunterhalts und zur sozialen Sicherung in der Zeit nach der Existenzgründung einen Gründungszuschuss gewähren, ein Rechtsanspruch darauf besteht nicht. Wer Geld bekommen möchte, muss sich mindestens 15 Stunden pro Woche der Selbstständigkeit widmen. Außerdem müssen die notwendigen Kenntnisse und Fähigkeiten zur Ausübung der selbständigen Tätigkeit dargelegt werden. Die Tragfähigkeit der Existenzgründung ist der Agentur für Arbeit in Form von Stellungnahmen einer IHK, Handwerkskammer, berufsständischen Kammer, eines Fachverbandes oder eines Kreditinstituts nachzuweisen. Der **Gründungszuschuss** wird in zwei Phasen geleistet. Für sechs Monate gibt es Geld in Höhe des zuletzt bezogenen Arbeitslosengeldes zur Sicherung des Lebensunterhalts und 300 Euro zur sozialen Absicherung. Für weitere neun Monate können 300 Euro monatlich gezahlt werden, wenn eine intensive Geschäftstätigkeit und hauptberufliche unternehmerische Aktivitäten dargelegt werden.

> **TIPP** Auch vom Gründercoaching Deutschland können Arbeitslose profitieren: Eine Fördervariante sieht vor, dass ehemals Arbeitslose innerhalb von einem Jahr nach Existenzgründung die Förderungen in Anspruch nehmen können, wenn sie einen Unternehmensberater konsultieren wollen. Die Zuschusshöhe zu den Beratungskosten beträgt 90 Prozent.

4.6 Checklisten und Entscheidungshilfen

Schritt 1: Die Entscheidung

Sind Sie ein Unternehmertyp?

Eine Reihe von einfachen Testfragen hilft Ihnen, in dieser Frage mehr Sicherheit zu gewinnen:

- Ist die Selbständigkeit wirklich der richtige Weg für Sie?
- Sind Sie fachlich qualifiziert?
- Haben Sie Erfahrungen in der Branche?
- Verfügen Sie über kaufmännisches Know-how?
- Steht Ihre Familie hinter Ihnen?
- Stehen Sie die Belastungen während der Startphase – und auch später – durch?

Lassen Sie sich beraten und gleichen Sie Schwächen aus.

- Besuchen Sie ein Gründungsseminar Ihrer Kammer oder Ihres Verbandes. Lassen Sie sich anschließend von einem Berater der Kammer oder des Verbandes, von einem freien Unternehmensberater oder anderen kompetenten Fachleuten helfen.

Klären Sie:

- Zu welchen Fragen brauchen Sie Beratung?
- Wer kann Ihnen je nach Fragestellung weiterhelfen?
- Was sollten Sie beim Abschluss von Beraterverträgen beachten?
- Informieren Sie sich über die Beratungsförderung des Bundes.

Schritt 2: Die Planung

Arbeiten Sie Ihre Geschäftsidee aus.

- Überlegen Sie, mit welchem Angebot Sie auf den Markt gehen möchten. Lernen Sie Ihre zukünftigen Kunden, ihre Bedürfnisse, ihre Neigungen, ihr Kaufverhalten kennen. Finden Sie möglichst etwas Besonderes, was die Konkurrenz bisher übersehen hat.

- Verschaffen Sie sich dafür auch einen Überblick über die Konkurrenzsituation, vor allem auch an dem Standort, den Sie wählen.

- Wollen Sie sich selbständig machen, haben aber noch keine zündende Geschäftsidee? Dann kommt für Sie vielleicht ein Franchiseunternehmen in Frage, das Sie als Lizenzunternehmer führen können.

- Oder Sie übernehmen ein bestehendes Unternehmen. Unternehmensnachfolger sind in jeder Branche und für jede Unternehmensgröße gefragt.

Schreiben Sie Ihren Businessplan.

- Erklären Sie Ihre Geschäftsidee bzw. Ihr Vorhaben.
- Stellen Sie die Gründerperson/-en dar.
- Beschreiben Sie Ihr Produkt bzw. Ihre Dienstleistung.
- Beschreiben Sie Ihre Kunden.
- Beschreiben Sie Ihre Konkurrenten.
- Beschreiben Sie Ihren Standort.
- Welche Lieferanten wollen Sie nutzen?
- Erläutern Sie Ihre Personalplanung.
- Zu welchem Preis wollen Sie Ihr Produkt bzw. Ihre Dienstleistung verkaufen?
- Welche Vertriebspartner werden Sie nutzen?
- Welche Kommunikations- und Werbemaßnahmen wollen Sie ergreifen?
- Welche Rechtsform haben Sie gewählt?
- Welche Chancen und Risiken hat Ihr Vorhaben?
- Wie hoch ist der Kapitalbedarf? Wie können Sie diesen Kapitalbedarf decken?

Denken Sie an Ihre persönliche Absicherung und die Ihrer Familie.

- Für beruflich Selbständige gibt es verschiedene Möglichkeiten, für Alter, Krankheit und Todesfall vorzusorgen.

- Wichtig ist, die Entscheidung für geeignete Versicherungen und Maßnahmen nicht auf die lange Bank zu schieben, sondern sich schon während des Gründungsprozesses beraten zu lassen.

Schritt 3: Der Finanzplan

Kalkulieren Sie das benötigte Startkapital.

- Wie groß ist Ihr Kapitalbedarf für die Gründung und die Startphase?
- Machen Sie eine Aufstellung aller kurz- und längerfristig relevanten Kostenpositionen.

Kalkulieren Sie Ihren Verdienst.

- Überlegen Sie, ob sich die Gründung einer selbständigen Existenz für Sie auszahlt.
- Lohnt sich der Aufwand?

Ermitteln Sie alle möglichen Finanzquellen.

- Wie viel Geld steht Ihnen selbst zur Verfügung? Wer könnte Ihnen privat Geld leihen?
- Wer würde sich an Ihrem Unternehmen beteiligen?
- Prüfen Sie die Angebote der Kreditinstitute und die vielfältigen Förderprogramme des Bundes, der Bundesländer und auch der Europäischen Union.

Schritt 4: Das Unternehmen

Erledigen Sie alle notwendigen Formalitäten.

- Bedenken Sie die Anforderungen von Behörden, Kammern, Berufsverbänden etc.
- Erkundigen Sie sich, für welche Vorhaben besondere Voraussetzungen und Nachweise, behördliche Zulassungen oder Genehmigungen erforderlich sind.

Sorgen Sie für das Finanzamt vor.

- Stellen Sie sich von Anfang an auf Ihre Pflichten gegenüber dem Finanzamt ein.

Denken Sie an die Risikovorsorge im Unternehmen.

- Kümmern Sie sich um ausreichende und geeignete Versicherungen für Ihr Unternehmen.
- Verschließen Sie nicht die Augen vor möglichen Risiken und Gefahren, sondern sorgen Sie mit den richtigen Maßnahmen vor.

Lassen Sie sich auch nach der Eröffnung weiter beraten.

- Nach dem Unternehmensstart kommen neue Aufgaben auf Sie zu. Lassen Sie sich vor allem zu finanziellen Belangen weiterberaten.
- Engagieren Sie im Zweifelsfall einen Unternehmensberater und nutzen Sie dafür entsprechende Fördermaßnahmen.

Quelle: „Roter Faden" für die Gründungsplanung des BMWi

> **TIPP** Informationen unter Existenzgründerportal des BMWi: www.existenzgruender.de

Über die Autoren

Elke Pohl

startete ihre berufliche Karriere nach dem Journalistikstudium bei der Berliner Tageszeitung *Junge Welt*, wechselte dann als Redakteurin in die Lokalredaktion Bernau der heutigen *Märkischen Oderzeitung* und nach einigen Jahren in den damaligen Berliner Verlag Die Wirtschaft (heute Huss-Verlag). 1990 entstand das erste Ratgeberbuch *Rückkehr in den Beruf*. Nach einigen Jahren Presse- und Marketingtätigkeit – u. a. bei der Allianz Versicherung in Berlin – wechselte sie 1999 in die berufliche Selbstständigkeit mit den Schwerpunkt-Themen Beruf und Karriere sowie Verbraucherrecht. Seitdem verfasste sie etwa 25 Ratgeberbücher für verschiedene renommierte Verlage, arbeitete unter anderem regelmäßig an mehreren Hochschulmagazinen und am Internetportal www.studienwahl.de mit. Homepage: www.elke-pohl-medienservice.de

Bernd Fiehöfer

startete seine journalistische Karriere als klassischer Quereinsteiger nach dem erfolgreichen Abschluss des Fernstudiums an der Freien Journalistenschule Berlin (FJS). Seitdem schreibt er für mehrere Auftraggeber aus verschiedenen Branchen, u. a. für das Online-Portal www.studienwahl.de, für die Berufsinformationszentren der Bundesagentur für Arbeit sowie für das Jobportal www.monster.de. Zudem erfüllt er verschiedenste Foto- und Filmaufträge und gestaltet Web-Präsenzen. Kontakt: www.berndfiehoefer.de

Springer Gabler

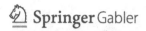